高等院校艺术设计专业精品系列教材
“互联网+”新形态立体化教学资源特色教材

室内外快题设计

金荣科 兰 鹏 编著

中国轻工业出版社

图书在版编目（CIP）数据

室内外快题设计 / 金荣科，兰鹏编著. —北京：中国轻工业出版社，2022.11
ISBN 978-7-5184-4121-1

Ⅰ. ①室… Ⅱ. ①金… ②兰… Ⅲ. ①室内装饰设计 Ⅳ. ① TU238.2

中国版本图书馆 CIP 数据核字（2022）第 159805 号

责任编辑：李　红　　　　责任终审：劳国强　　整体设计：锋尚设计
策划编辑：王　淳　李　红　　责任校对：宋绿叶　　责任监印：张　可

出版发行：中国轻工业出版社（北京东长安街6号，邮编：100740）
印　　刷：艺堂印刷（天津）有限公司
经　　销：各地新华书店
版　　次：2022年11月第1版第1次印刷
开　　本：889×1194　1/16　印张：8.75
字　　数：240千字
书　　号：ISBN 978-7-5184-4121-1　定价：49.80元
邮购电话：010-65241695
发行电话：010-85119835　传真：85113293
网　　址：http://www.chlip.com.cn
Email：club@chlip.com.cn
如发现图书残缺请与我社邮购联系调换
210505J1X101ZBW

前 言

室内外快题设计是建筑学和环境设计专业中重要的训练部分，根据专业不同，快题设计的表现内容、侧重点也会有所不同。环境设计包含了室内设计、建筑设计、景观设计、公共艺术设计等内容，快题设计要充分利用各种工具的表现力，从表现技法中营造创意思维。

要完成一份优质的快题设计作品，首先必须了解相关的绘制工具，包括铅笔、马克笔等，这些绘图工具适用于不同的绘制步骤，如铅笔用于绘制线稿，马克笔用于绘制着色稿等。其次要熟练掌握绘制技法，包括基础线条运用、透视原理、线稿表现、着色技巧、文字书写等，集中训练单幅效果图表现与快题综合图稿表现。读者能依据自身设计水平与手绘能力制订具有针对性的备考计划，并能根据试卷评分标准，有逻辑的规划卷面情况。

要提升室内外快题设计的表现水平，需注重细节表现。

（1）利用不同笔触的线条准确表现出不同空间内形体的结构特征，注意短线条绘制要果断，长线条则需分段绘制。

（2）依据不同的场景选择不同的透视方式。一点透视适用于表现结构比较简单的局部环境；两点透视使用频率较高，适用于表现结构比较复杂，内容较多的整体环境；三点透视则使用较少，多用于绘制鸟瞰视角中的景物。

（3）运用色彩显现单幅效果图的灵动感，单幅效果图中所选用的色彩会以同色系色彩为主，以其他色系相辅，但这两种色彩能够相互融合，色彩之间的过渡和交叉十分和谐，能够很好地强化画面效果。

（4）注重阴影的细节表现，绘制时要尽量避免使用黑色来强化阴影，可利用留白或涂抹涂改液的形式来加强画面的明暗对比，也可以在马克笔色彩的基础上均匀排列彩铅线条，这样画面中的阴影更具体积感。

除掌握绘制技法外，沉着、冷静的心态也更利于获取高分。在设计绘制过程中，考生要能以一个稳定且平和的心态来构思设计，所有笔触和运笔都能恰到好处，无论近景区域内的绘制，还是远景区域内的绘制，都要符合透视学原理，且整体画面具有比较高的完整性，画面主次分明，立意明确，且画面整体十分整洁，字迹清晰，设计说明也有理有据，评卷老师可以在短时间内了解考生的设计思路。

本书研究了不同高校高考与硕士研究生入学考试的历年真题及大量优质快题设计作品，从中总结出了一套室内外快题设计提升经验。该书能够帮助读者在熟练掌握透视原理的同时，深入强化空间层次，强化细节描绘，使快题表现具备图文一体化特征。

希望本教材能给学习室内外快题设计的学生、美术爱好者、职业设计师们带来帮助，也希望大家就本书内容提出宝贵意见，在此表示感谢。

编著者

目录

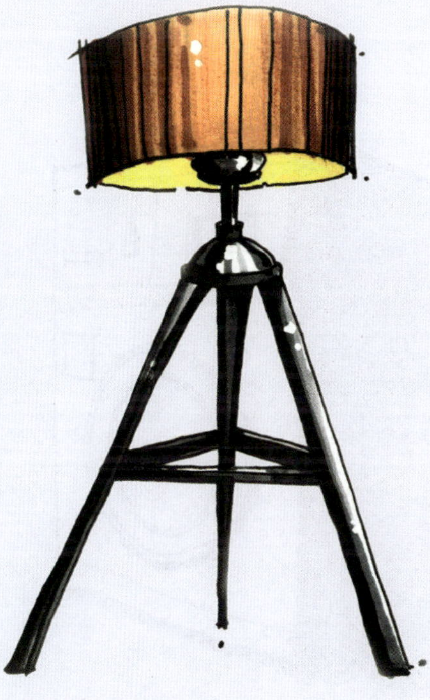

广场景观

设计说明：

本方案的植物景观设计原则，是从当地的乡土树种为主，特别是桂花、适当引进少量棕榈科植物，营造浓郁的东南亚植物景观。

层次丰富的植物景观与合理的空间功能分部，致力打造一个健康，绿色、内心所向往的舒适自由环境。简洁明快的线条，曲直结合，空间开合得体，供户外交往、休憩、娱乐，提高健康生活。

植物配置：

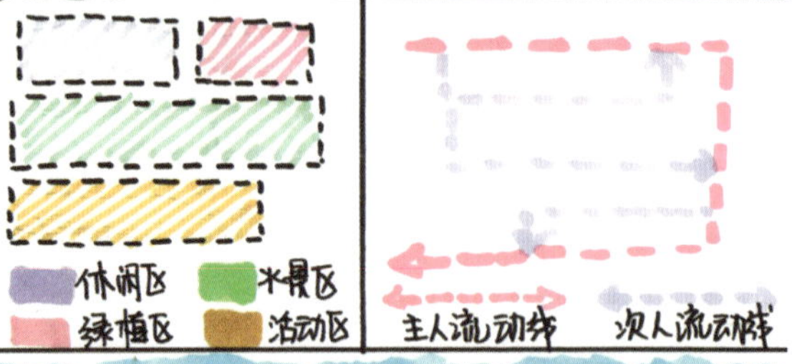

第一章

室内外快题设计基础

学习难度： ★★☆☆☆

重点概念： 基础准备、考试情况、考点、难点、评分标准

章节导读：

室内外快题设计是设计创作的重要表现形式，为了获得完美的设计作品，以高分数通过考试，就要求读者充分了解评卷标准、考试难点和考点等信息，并在不断练习的过程中，强化自身的手绘能力和逻辑思维能力。

教案课件
请扫码阅读

环境景观空间效果图（闫永祥）

第一节　快题设计基础准备

快题设计主要是以手绘形式在规定时间内呈现设计思路和设计意图，是一门比较有难度的专业设计学科。

一、关于快题设计

快题设计的重点在于用图像的形式表现出设计的具体创意与构思，它的具体设计与市场需求、设计概念、人与自然的关系以及群众的物质需求和心理需求等都有很大联系。

对于不同空间，快题设计所选用的设计风格和设计格局会有所不同，在设计中要能充分表现出人与建筑，人与周边环境，建筑与周边环境，以及建筑与建筑之间的和谐关系，这包括色彩、材质、比例、规模以及设计布局上的和谐统一（表1-1）。

表1-1　快题设计步骤

序号	步骤	内容
1	明确设计思想	分析命题并提出自己的见解
		联想构思形成设计草图
		视觉形象设计定位
		编写设计说明文字
2	搜集关键词	与设计命题相关的字词
		与主流设计思想相关的字词
		与日常生产生活相关的字词
3	获取并提炼设计元素	现代时尚流行元素
		绿色环保健康元素
		传统文化精髓元素
		以往积累沉淀的设计元素
4	创造设计形象	空间流线设计
		主体造型设计
		色彩搭配设计
		材质肌理对比设计
		风格流派设计
		比例与尺寸设计
		采光照明设计
		构图版面设计

二、相关手绘工具

手绘快题设计所用的工具包括纸类工具、笔类工具以及辅助类工具等（表1-2）。

表1-2　　　　　　　　　　　　手绘工具一览

类别		图示	特点
纸类工具	普通打印纸		采用木浆纤维和草浆制作而成，色彩穿透度较高，质地有薄有厚，规格有A3、A4、B4、B5等，多用于快题设计线稿练习
纸类工具	马克笔专用纸		对马克笔渗透性比较强，这类纸张实用性比较强，笔触清楚、柔和，色彩还原度较好，且色彩不会轻易穿透纸张
纸类工具	300g珠光纸		表面容易被摩擦变色，一般不会出现扩墨现象，使用铅笔在珠光纸表面绘制时要轻画轻擦，待第一层色彩干透后再画下一层色彩
纸类工具	卡纸		质地较硬，色彩不会轻易渗透，且表面比较平滑，所绘制的线条挺括感较好，注意在白卡纸上绘制时要处理好扩墨问题
笔类工具	绘图铅笔		可用于绘制快题设计线稿，其笔芯的质地从硬到软有不同的硬度等级，其中H型和2H型比较适合绘制底稿；运笔方向为从左到右；垂直线绘制，运笔方向为从下到上，注意运笔的均衡性和稳定性；需保持稳定的用力程度，要能使同一线条深浅一致，并要避免用力过度导致划伤纸面，这些较深的线条很难被绘图笔遮盖，也很难被橡皮擦除
笔类工具	彩色铅笔		可分为蜡质彩铅和水溶彩铅，蜡质彩铅色彩丰富，表现效果比较特别，水溶彩铅容易形成色斑，很难形成平润的色层；可通过平涂排线法、叠彩法和水溶退晕法来绘制快题设计着色稿
笔类工具	马克笔		用于绘制快题设计着色稿，可分为油性马克笔、水性马克笔以及酒精性马克笔，触感和上色效果也不同

三、熟读参考书籍

阅读参考书籍能够有效提升设计素养和创意水平，除熟读专业科目书本外，还可以阅读一些与设计备考相关的外文翻译书籍，这样能拓宽视野，提升自身的设计水平。

除此之外，可在百度文库、考研帮、中国考研网、新浪教育考研频道、各大院校考研贴吧等网络资源寻找相关资料，还可在相关网站下载不同院校历年来的考试试卷，并进行模拟测验（图1-1）。

（a）百度文库

（b）考研帮

（c）中国考研网

（d）新浪教育考研频道

图1-1 考研相关资料网站

第二节　快题设计的考点与难点

一、方案设计与设计表现

方案设计是快题设计的基本内容，主要反映设计者的综合设计素养，如场地处理能力、空间操作能力、形态设计能力、设计表达能力等。方案设计的难点在于如何通过空间布局 和设计内容来表达设计问题。

设计表现主要反映设计者对色彩的运用能力与手绘能力等，要求能清楚表现出平面图、立面图、效果图、剖面图与相关的文字书写等内容。最终快题图 稿能够达到构图、比例、结构、透视以及空间尺度等都没有任何错误，且图稿中主次分明，所有配景绘制生动、形象，运笔有力，笔触潇洒，色彩搭配也十分合理（图1-2、图1-3）。

二、时间规划与控制

快题设计所需要绘制的内容较多，要在规定的时间内设计绘制出完美的作品是具有困难的，要想完整表现设计对象，需保持平常心态，做好如下事项：

（1）拿到设计项目后一定要先审题，要明确项目的相关要求。

（2）设想设计中可能会囊括的内容，并构思出初步设计方案。

（3）确定方案之后，便可依据整体时间进行分段绘制，在绘制之前需要构思好每一段内容所需花费的时间。

（4）预留出一定的时间供最后完善和审查。

图1-2　室内空间效果图（汪建成）

图1-3　绿化效果图（万丹）

补充要点

室内外快题设计的思维方式

在进行室内外快题图稿绘制时要有比较强的空间意识。例如，利用竖向地形或竖向台地做空间分隔；利用建筑小品或构筑物做围合空间；利用不同高低的植物做围合空间；利用不同结构的纹理来分隔空间等，在绘制过程中，一定要避免画面枯燥乏味、平铺直叙，要能使人有惊艳感。

第三节　快题设计评分标准

室内外快题设计答卷应同时具备美观性、可行性，要能满足公众需要。美观性指设计的内容要能满足形式美的要求；可行性则指设计的内容要具备现实价值。

一、评分标准

室内外快题设计作品的评分可以分为四轮。

第一轮为海选，评卷老师大致浏览所有试卷，并选择出在视觉表现上相对较差及备选方案表现能力较差的试卷，将其放入不及格的一类试卷中。

第二轮为分档，评卷老师依据卷面情况将剩下的试卷分为A、B、C、D四档。

第三轮为细化，评卷老师将之前分档的试卷再次进行划分，分为上、中、下三个级别，以字母加数字的形式标明，如A+、A等。

第四轮为评分，评卷老师给试卷打分，分数可有1~2分的差值（表1-3）。

快题设计作品的亮点在于画面中心的构造、家具，画面评分标准主要集中在这些物件上，需要有针对性地强化练习（图1-4）。

表1-3　　快题设计试卷评分标准

等级	分数（满分150分）	评分标准
A+	135	完成考题要求绘制的内容，且图面丰富，相当扣题，图中各功能结构也都十分合理，图面没有错误，设计手法运用娴熟，设计思想十分新颖，图纸所呈现的视觉效果也不错
A	120~134	完成考题要求绘制的内容，且图面丰富，相当扣题，图中各功能结构十分合理，图面没有错误，设计手法运用娴熟
B	105~119	完成考题要求绘制的内容，且图面丰富，相当扣题，图中各功能结构相对比较合理，图面有少量错误，设计手法运用一般，图面效果尚可
C	90~104	完成考题要求绘制的内容，且图面丰富程度一般，但与考题基本相符，图中各功能结构较合理，图面错误之处较多，设计手法运用生疏
D	90	没有完成考题要求绘制的内容，且图面内容较少，与考题相悖，图中各功能结构也不合理，图面错误和硬伤较多，表现效果不佳，存在词不达意和图不达意的情况

（a）沙发

（b）床

图1-4　优质单体着色效果图（汪建成）

图1-4：运笔干练简洁，用宽笔触快速覆盖家具的各面域，让明暗面形成强烈的色彩对比，适当运用马克笔细头来丰富过渡面域，形成丰富的画面效果，在备考期间应当或绘制这类家具或局部场景，熟悉环境空间中的物件的造型方法。

二、充分展示水平能力

评卷老师特别注意卷面的整洁度、设计内容的创意性、设计色彩的协调性、设计构思的独特性这几个环节，下面主要介绍一些获取高分的小技巧。

1. 充分展示思维能力

要求设计内容要紧扣设计项目主体，且能够具有一定的现实意义和经济价值，在设计布局的过程中，能够表现出较强的逻辑思维能力，并能通过对设计元素的功能、材质、色彩、比例等的细致描绘来展现自身强大的思维能力。

2. 凸显造型能力

要求设计构筑物与周边配景的色彩、形态应符合形式美法则，能塑造出比较好的视觉效果。设计者能在图稿中清楚表现出构筑物及周边配景的轮廓、色彩方案、效果图以及形体特征等（图1-5）。

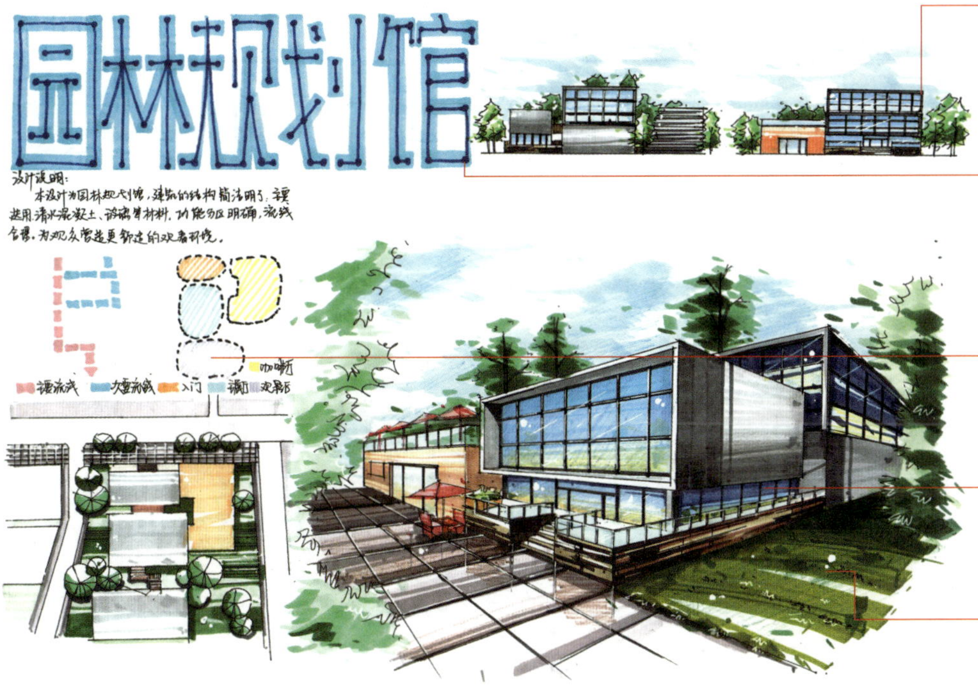

图1-5　快题设计园林规划馆景观（赵银洁）

补充要点

快题设计考试用纸

室内外快题设计考试所用纸各校不同，例如，上海交通大学用的是普通的考试用纸，纸张尺寸为A3，一般为5~6张；浙江大学用的是A2素描纸，共5张；同济大学用的是普通的考试用纸，尺寸为B4对折，总共8页；北京理工大学用的是A2水粉纸，1张；江南大学用的是A2水粉纸，共2张。

3. 主次分明与条理清晰

在整幅快题设计作品中，要能够清晰表现出空间内具体的布局特征，要明确设计对象的主次。此外，设计图稿要求图面整洁、字迹清晰，审题时要明确重点和立意，所书写的设计说明也要符合“抓大放小”的原则，绘制时要分清轻重，用词、用语等都要规范化（图1-6）。

4. 注重细节处理

重视快题设计画面细节处理，注意线条与线条之间的连接应当流畅无断裂，所绘制的线条也应当粗细分明，不可有过多的杂线，且空间内设计元素的不同细节部位和阴影处所用线条的粗细和深浅度也应当有所区别。注意设计感的塑造，要表现出透视感。标注要准确，包括文字标注、尺寸标注及设计说明。图稿的配色不仅要满足现实情况，还要能清晰表现出材料质感（图1-7）。

云朵的绘制方法很多，对天空面积全覆盖会造成无差别，可以采用团组状态绘制，天空自身形成对比效果。

标题文字设计具有强烈的体块感，便于书写出端庄的形体结构。

建筑构造主体并不强化透视的方向性，但是立体效果还是需要通过明暗面的对比来强化表现。

采用白色中性笔绘制斜线，表现出阳光穿透树梢形成的光斑。

图1-6 快题设计服务中心景观（赵银洁）

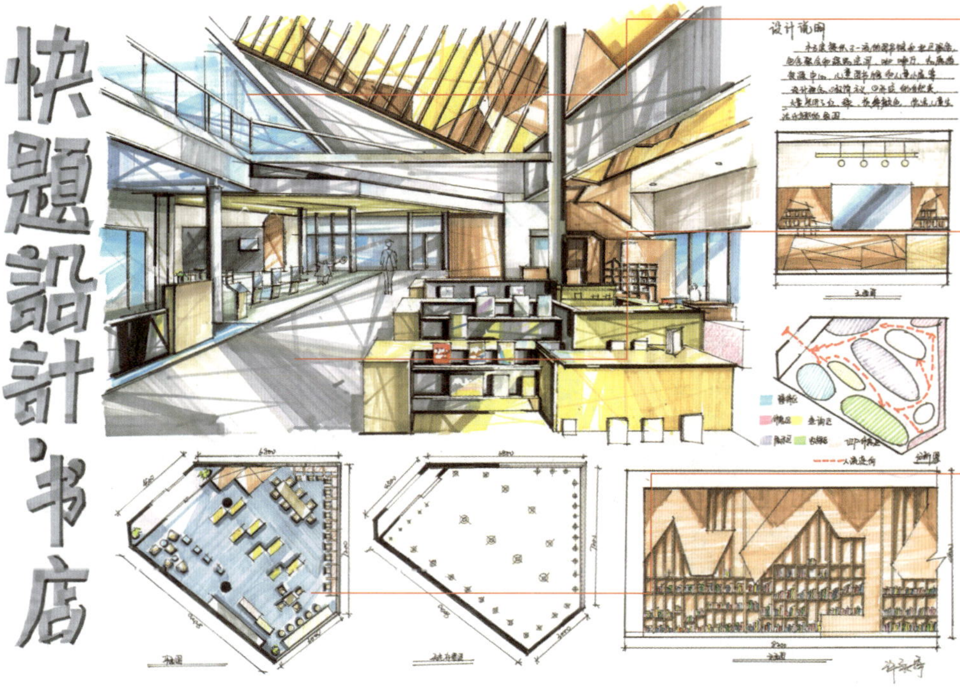

常规的灯光照明很难表现出统一且整体的光影关系，可以设计带天窗的室内环境来统一光照方向。

地面光影形体自由发挥，表现出顶部结构的复杂性，这种效果影响到家具构造的外部着色，让整个画面显得十分丰富。

平面图与立面图着色，如果考试时间比较紧张，可以对顶面图不着色。

图1-7　快题设计书店（许永婷）

本章小结

室内外快题设计是专业学习成果的综合展示，设计者需要依靠平时大量的基础练习和积累，灵活把握工具运用，掌握读图者的客观需求，合理安排设计实践，尽量做到别出心裁，展现出最好水平。

课后练习

1. 快题考试前应准备什么？
2. 简述快题设计的含义。
3. 如何保持平常心应对考试？
4. 方案设计与设计表现的区别是什么？
5. 如何设计元素的结构？
6. 尝试绘制一套完整的室内快题设计图。

第二章

绘制要素与线稿表现

学习难度： ★★★★☆

重点概念： 基础画法、透视原理、单体线稿、组合空间线稿

章节导读：

本章主要介绍手绘快题线稿时的用笔姿势，线条表现技法及基本透视方法等内容，同时对单体线稿与组合空间线稿进行细致讲解。基本线条有直线、曲线以及乱线等，在绘制线稿时要灵活运用，并绘制出理想的快题设计线稿，能为后期着色奠定良好基础。

教案课件
请扫码阅读

办公空间线稿（张达）

第一节　灵活用笔与线条表现

正确的用笔姿势能够帮助我们轻松绘制线条，而线条的绘制又是塑造表现对象的基础，在绘制初期，需要绘图者不断练习，并掌握相关线条的习性，以便能绘制出更具设计色彩和视觉美感的快题线稿。

一、正确的用笔姿势

手绘快题设计图稿时一定要注意用笔姿势的正确性。握笔时，绘图笔应当放平，且应尽量平于纸面。在绘制时需将小指放置于纸上，使其成为绘制的支撑点，压低笔身，开始绘制线条。

绘制横线时，手臂应当随着手部一起运动；绘制竖线时，则需运用肩部的力量来移动绘图笔，注意运笔速度的稳定性，这样所绘制的线条才能更直（图2-1）。

二、基本线条表现技法

线条是快题设计表现的基本构成要素，它影响画面质量，在绘制线条时要处理好虚实关系和光影关系，一般受光面虚，而背光面实；转折结构线实，而纹理线虚。

在绘制线条时要具备比较好的耐心，切忌连笔、带笔，绘制长线条时也不可一笔到位，最好将其分成多段线条来拼接，注意接头应当保持空隙，但空隙的宽度不可超过线条的粗度。由于绘制过长的线条时，线条的平直度不太好控制，因此可利用铅笔做点位标记，然后沿着点好的标记来连接线条，一般绘图笔的墨水线条是需要遮盖住铅笔标记的（图2-2～图2-7）。

图2-2：经过长期基础手绘练习后，可将笔尖稍稍远离纸张一点，这样也能有效提高手绘的速度，注意运笔时要控制好下笔角度，要保证倾斜的笔头与纸张能够全部接触，正面握笔角度为45°左右，侧面握笔角度为75°左右。

（a）正面握笔

（b）侧面握笔

图2-1　握笔方式

图2-2　分点绘制长线

图2-3　线条的交错

1. **直线绘制**

直线多见于徒手表现中，大部分室内空间或景观空间内的形体都是由直线构成的，一般可将直线分为慢线和快线，这两类线条各有各的特点。

（1）快线。用于绘制效果图中的次要对象，也可用于绘制处于画面周边区域的配饰对象，绘制时要一气呵成，所绘制的线条要具有灵动性和生命力（图2-8～图2-10）。

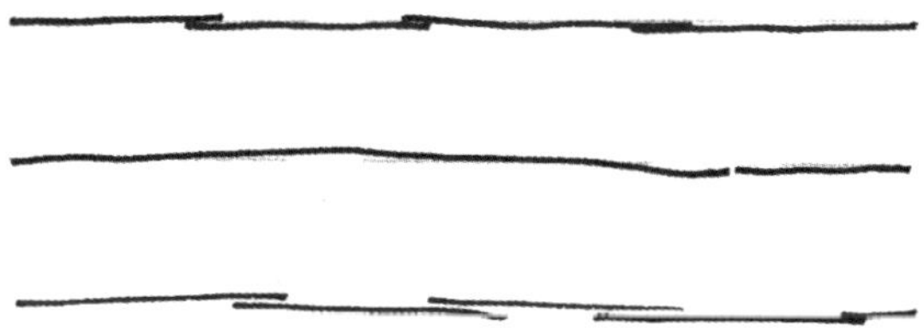

图2-4　错误的线条

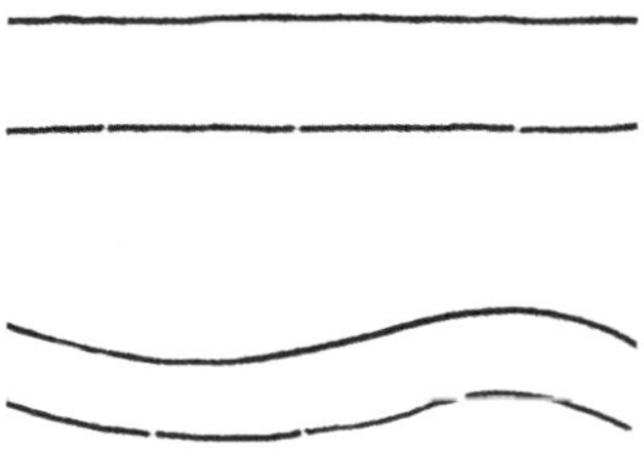

图2-5　正确的直线和曲线

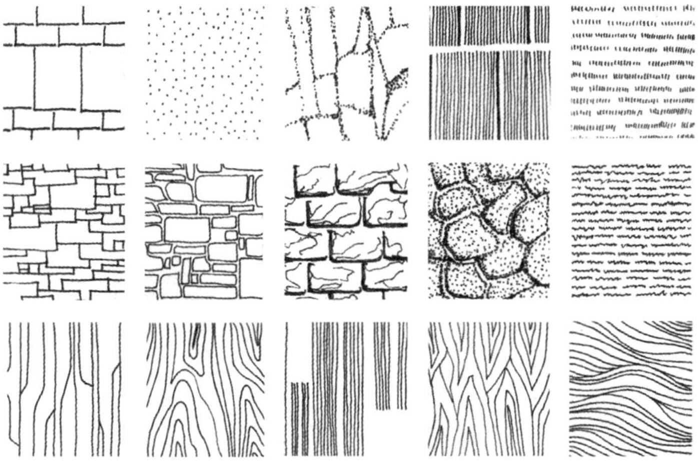

图2-6　线条的材质表现

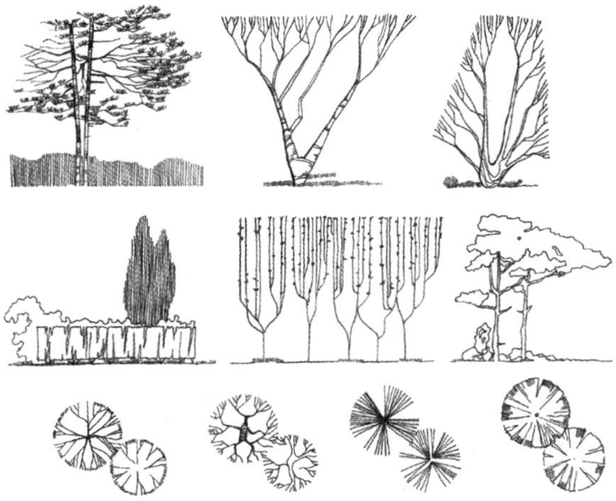

图2-7　线条绘制树木

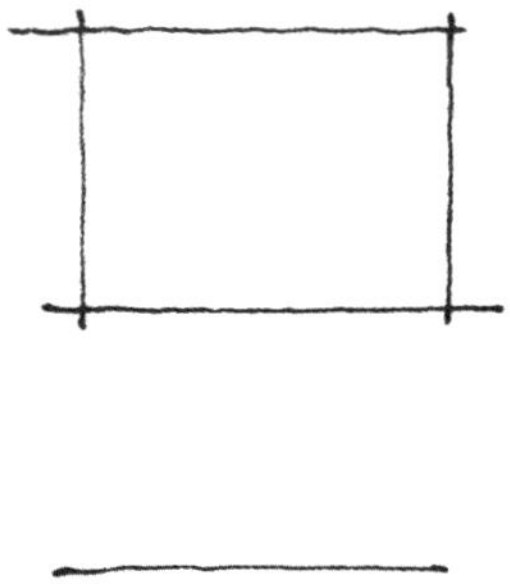

图2-8　快线

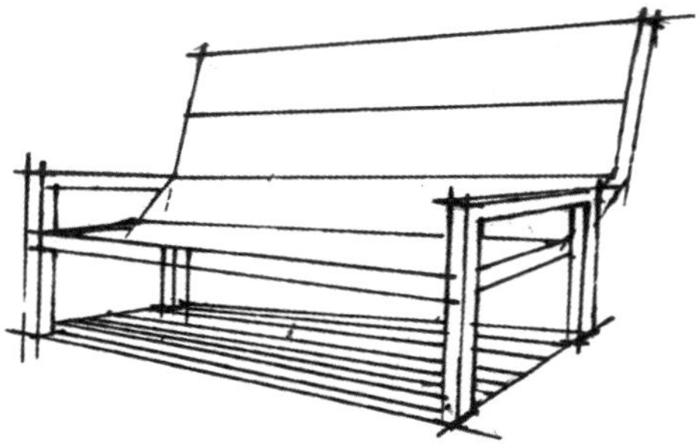

图2-9　快线绘制景观座椅

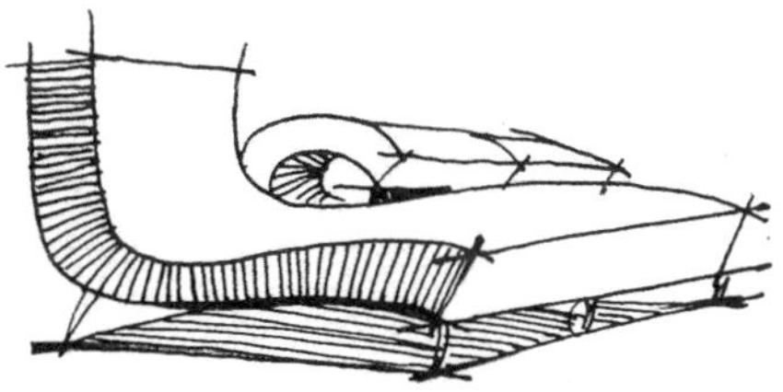

图2-10　快线绘制沙发

（2）慢线。用于绘制效果图中的主要对象，也可用于绘制处于画面中心地带的对象，要求绘制线条具备一定的灵动性，并能确保比例和透视的正确性（图2-11～图2-13）。

此外，直线多通过尺规或徒手的形式来绘制，其中徒手绘制直线时要求控制好运笔速度，且运笔需刚劲有力，起笔和收笔需符合要求，一般建议以徒手为主，经常使用尺规会形成依赖（图2-14～图2-19）。

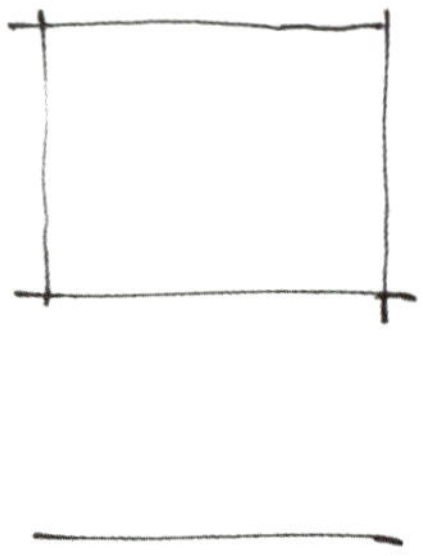

图2-11 慢线

图2-12 慢线绘制景观座椅

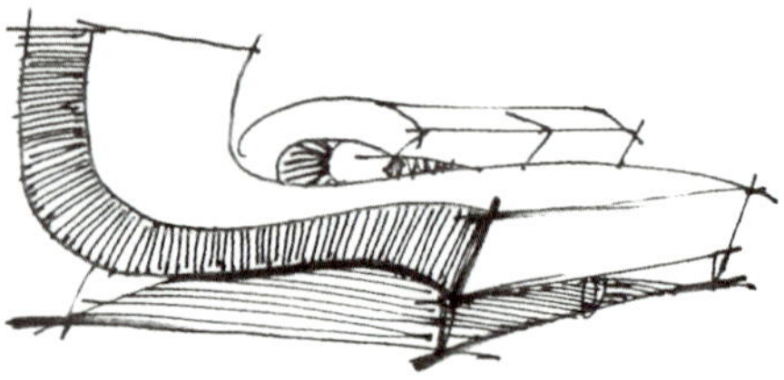

图2-13 慢线绘制沙发

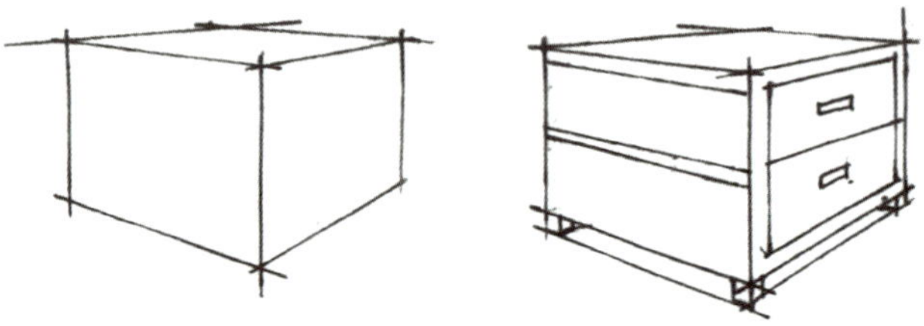

图2-14 尺规绘制

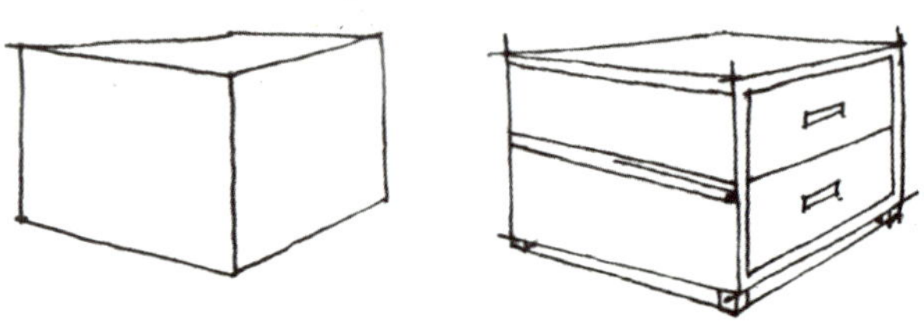

图2-15 徒手绘制

图2-16 直线的起笔与收笔

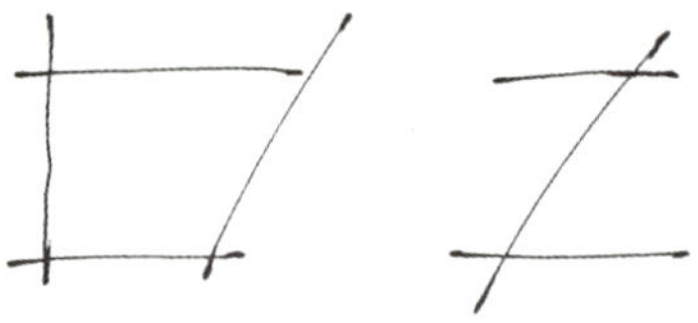

图2-18 交叉直线

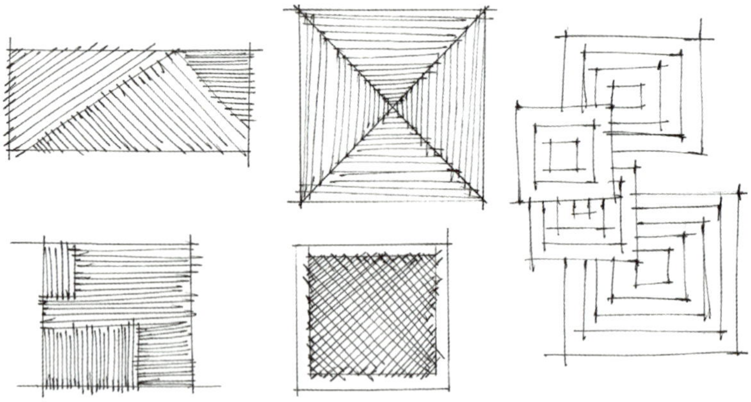

图2-17 长短直线练习

图2-16：绘制直线时要匀速运笔，起笔需顿挫有力，收笔需有所提顿。

图2-17：长直线建议分段绘制，这样绘制的直线会更有连续性，视觉效果也会更好；短直线绘制时注意短直线之间要留有一定的孔隙，不可连接在一起。

图2-18：绘制交叉线时需注意，当两条线段交叉时，最好是反方向延伸的交叉线，这样所能表达的图像意图会更强烈，这种绘制方式也能有效避免两条交叉线的交叉点出现墨团，从而影响最终的视觉效果。

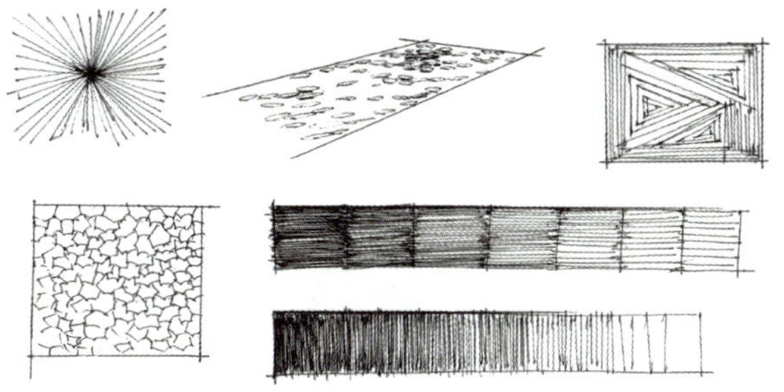

（a）单面排线

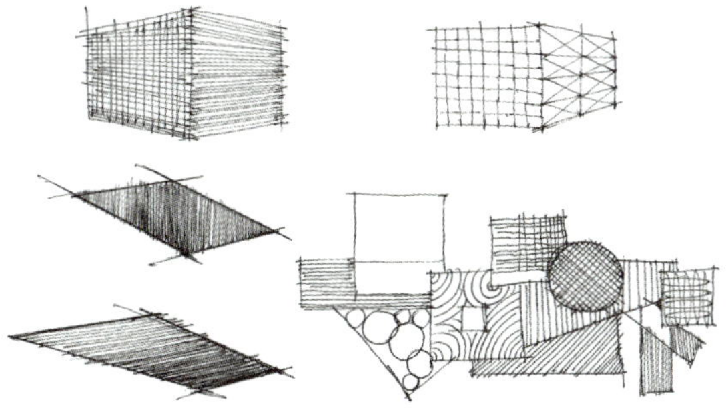

（b）多面排线

图2-19 多样直线绘制

图2-19：手绘效果图需要有良好的耐心，除练习基本线条的绘制外，还需要明确透视原理，也只有夯实基础，才能塑造更具个性化和视觉魅力的效果图，才能充分将设计灵感和设计创意融会贯通，并在二维平面图纸上展示出来。

补充要点

尺规绘制

借助尺规绘制的方式多用于幅面较大且形体较大的效果图中，如A3幅面以上的效果图，主要绘制处于画面中心的主要对象。在快题设计中，设计者是否采用尺规绘制取决于绘图者的经验与表现能力，为了提高设计绘制速度，在整幅图稿中，主要墙体、构造的轮廓线采用尺规，其他线条徒手绘制。

2. 曲线绘制

曲线绘制的难度比较高，使用的范围也比较广，线条要求具备一定的流畅度和生动感，绘制时要灵活运用笔和手腕之间的力量，建议初学者绘制曲线时可选用慢线的方式绘制，并经常练习（图2-20）。

3. 乱线绘制

乱线多用于表现植物的形态特征以及纹理和阴影等，在绘制乱线时可交替绘制直线和曲线，以便能塑造出更具自然美和韵律美的线条（图2-21）。

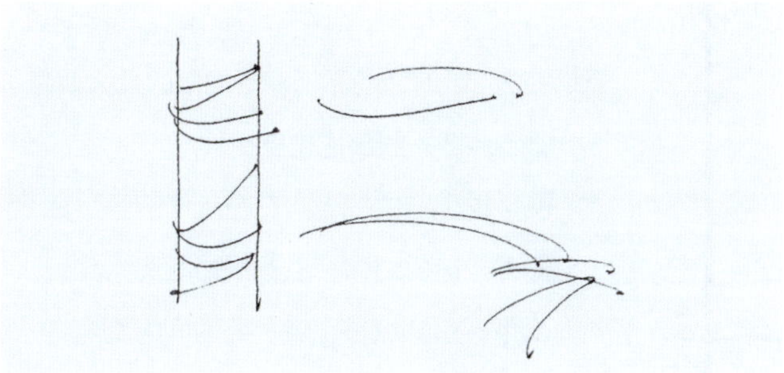

图2-20 曲线

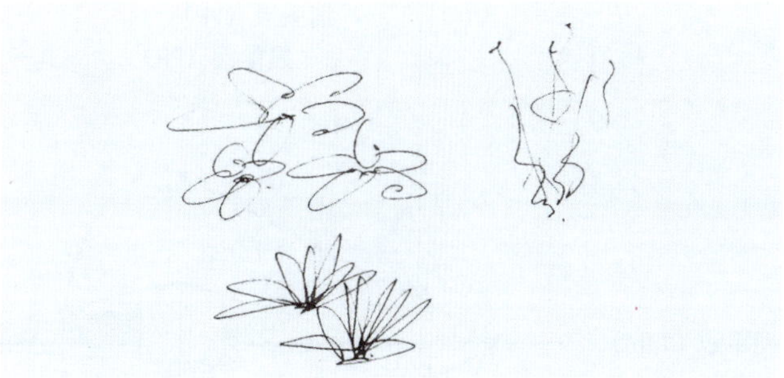

图2-21 乱线

图2-20：曲线的绘制要符合整幅图稿的图面情况，比较长的曲线建议分段绘制，这样所绘制的曲线比例也会比较好。

图2-21：波浪线，属于乱线的一种，它适用于表现绿化植物以及水波等配景，也可用于密集排列线条，以增强画面的层次感；注意绘制波浪线时要确保每个波浪起伏大小的一致性，波峰之间的间距和线条的粗细等也应当保持一致。

4. 多样线条练习

多样线条是为了解决画面中偶发性造型，同时也要补充常规线条的不足。多样线条主要分为重复线条和变化线条两类，重复线条能形成密集的阵列感，用来强化形体结构与光影变化；变化线条主要表现丰富的绿植造型。(图2-22)。

(a) 重复线条

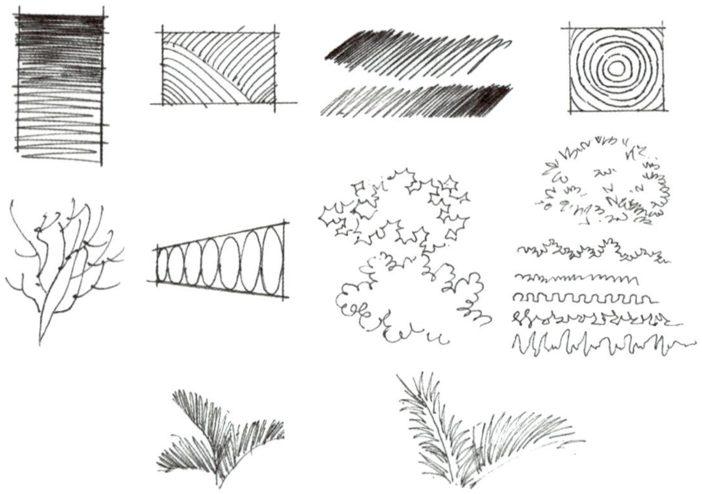

(b) 变化线条

图2-22 多样线条练习

第二节 快速透视原理

快速透视表现是室内外快题设计的基础，在绘制时要明确透视的几项基本原理，即近大远小、近实远虚、近明远暗、近高远低，掌握好这些透视原理，长期练习，想要绘制好一幅优质的快题图稿就不再是难事。

由于视点和视平线的选择定位直接影响着快题图稿的质量优劣，在绘制时就应当选择一个比较合适的构图，并能通过对透视中各要素的合理分配，从而达到完整的表现设计对象形体和设计对象构造特色的目的(图2-23、图2-24)。

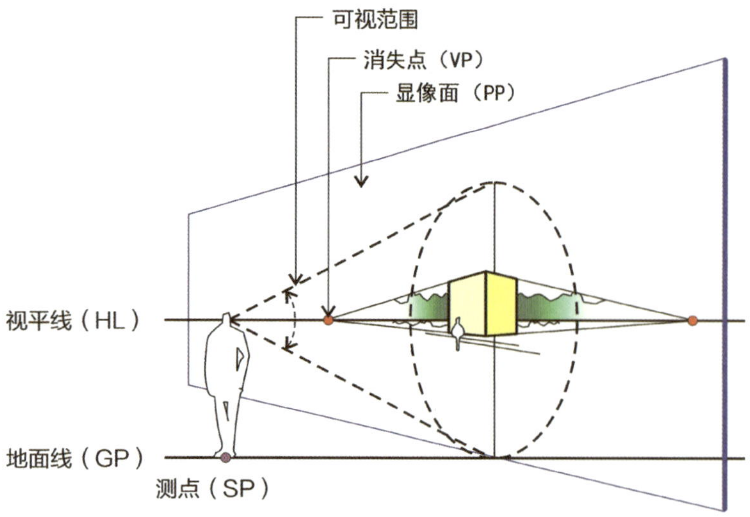

图2-23 透视示意图

图2-23：绘制之前需明确透视中的几大要素。

1) 视点。指人眼睛的位置。

2) 视平线。指由视点向左右延伸的水平线。

3) 视高。指视点和站点的垂直距离。

4) 视距。指站点(视点)离画面的距离。

5) 灭点。又名“消失点”，是空间中相互平行的透视线在画面上汇集到视平线上的交叉点。

6) 真高线。指建筑物的高度基准线。

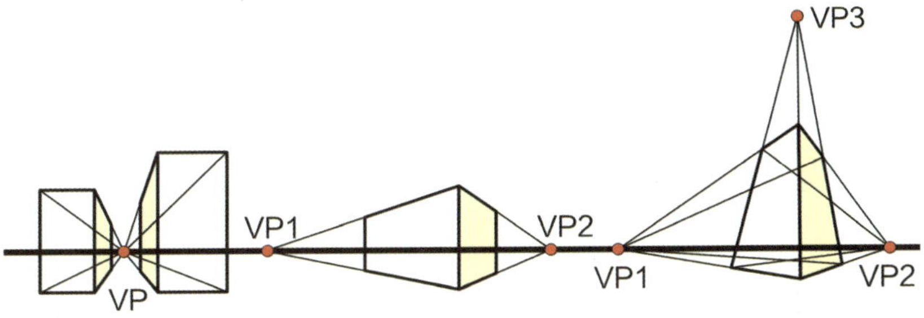

（a）一点透视　（b）两点透视　（c）三点透视

图2-24　透视种类

图2-24：依据消失点的不同可将透视分为一点透视（平行透视）、两点透视（成角透视）和三点透视。

图2-24（a）：在一点透视中，观察者与面前的空间平行，只有一个消失点，所有的线条都源自这个点，设计对象一般呈现四平八稳的状态，这种透视方式有利于表现空间的端庄感和开阔感。

图2-24（b）：在两点透视中，观察者与面前的空间形成一定的角度，所有的线条源于两个消失点，即左消失点和右消失点，这种透视方式能够有效显现出设计对象的细节和层次。

图2-24（c）：三点透视较少使用，它的绘制特点与两点透视类似，只是观察者的观察姿态呈现后仰趋势，多用于表现高耸的建筑和内部层高较高的空间。

一、一点透视

一点透视是指当人正对着物体进行观察时所产生的透视范围，这种透视方式只有一个消失点，且能塑造比较强的纵深感，很适用于表现庄重、对称的空间。由于一点透视中主体观察者是面对着消失点的，因此物体的斜线一定会延长相交于消失点，横线和竖线之间也一定会是垂直且相互平行的关系。通过这种斜线相交于一点的绘制方法能够很好地表现出近大远小的效果（图2-25～图2-28）。

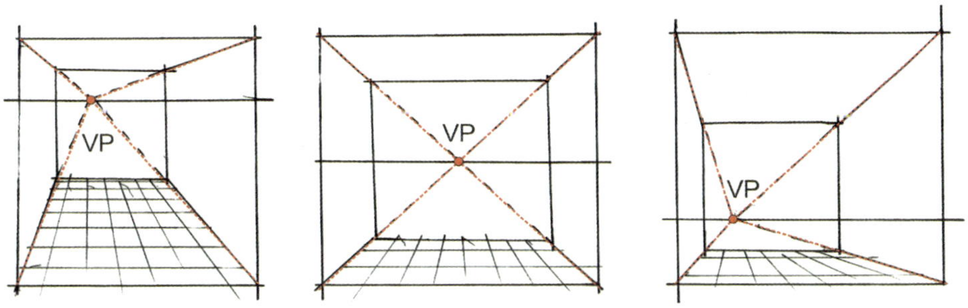

图2-25　一点透视视点定位

图2-25：使用一点透视时，如果要准确定位视点，需提前确定好视平线以及消失点的位置，视平线是定位透视时必要的一条辅助线，而消失点则正好位于视平线的某个位置上，视平线的高低情况决定了空间视角的具体定位。一点透视的消失点在视平线上稍稍偏移画面1/3～1/4左右比较适宜，且在景观效果图表现中视平线一般定位在整个画面靠下1/3左右的位置比较适宜；而一点透视的消失点理论上是位于基准面的正中间的，但是在表现图面时，如果定点的位置过于正中，就会显得整幅图面比较呆板，为了有效增强画面的生动感和活泼感，可以依据具体空间的类型来确定透视的消失点。

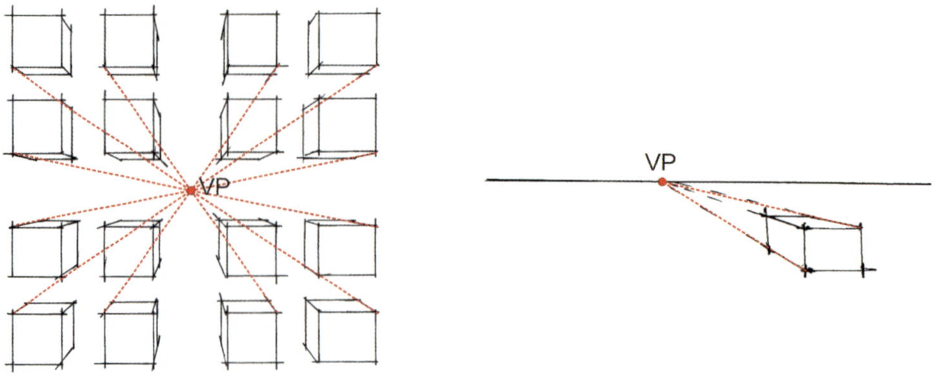

图2-26 一点透视练习图

补充要点

局部绘制

局部绘制要求刻画细节，在绘制时要利用线条的粗细来表现出画面的深浅，并能通过对线条长短的灵活应用，从而达到增强画面视觉效果，深入表现画面细节的目的。

醒目部位的线条要求具有透视效果，绘制时应当干净、简洁。

绘制时要表现出主体家具外部轮廓的特征，应基本保持平行状态。

家具暗部区域应当用密集的平行直线绘制，这样家具的体积感也会更强。

图2-27 住宅客厅一点透视图

图2-28　公园景观一点透视图（李碧君）

补充要点

绘图中的不良习惯

1. 过于依赖铅笔。长期依赖铅笔绘制形体轮廓，这种形式会降低绘制效率，擦除难度也较大，可单独练习线条，并待熟练后再正式开始绘制。

2. 着色过于匆忙。针对这种情况，应当先对线条进行强化训练，并严格控制线条交错的部位，确保线条绘制的准确性。

3. 绘制顺序不正确。绘制时应当理清形体轮廓描绘和着色的先后顺序，先轮廓后着色。

4. 深色的过度运用。深色运用过多，反而会减弱画面的对比效果，色彩所占比例应当是15%深色，50%中间色，30%浅色及5%透白或高光。

二、两点透视

两点透视是手绘中经常会用到的一种透视方法，又称为成角透视，它是指所有的斜线均消失于左右两点上，而物体的对角正对着人的视线，这种透视方式适用的范围比较广，在绘制时由于有两个消失点，因此左右两边的斜线既要相互交于一点，又要保证两边的斜线比例能够处于正常值。

在绘制时需注意，两点应当消失在地平线上，但消失点又不宜定得太近，真高线的定位也需准确，由于两点透视空间的真高线（两面墙体的转折线）为画面最远处的线，因此在绘制时真高线不可过长，以免近处的物体过于局促，一般真高线占到整幅画面中间的1/3左右即可（图2-29～图2-33）。

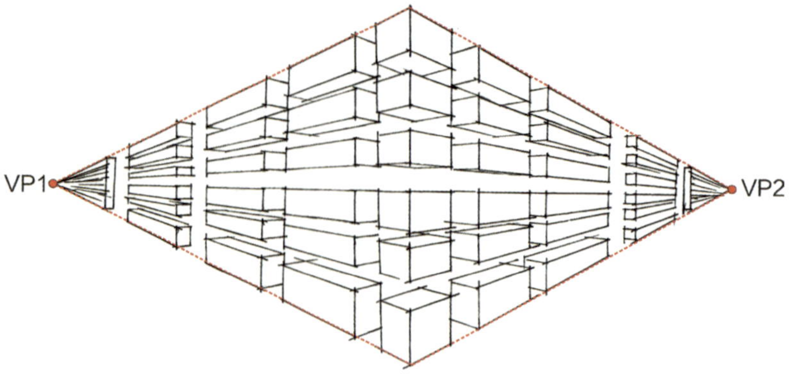

图2-29　两点透视练习图（一）

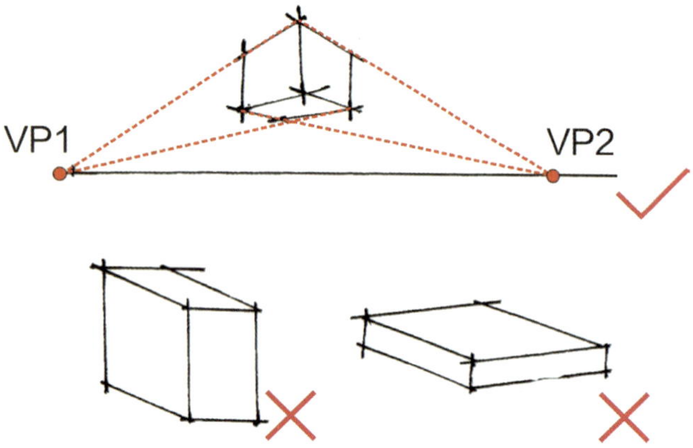

图2-30　两点透视画法

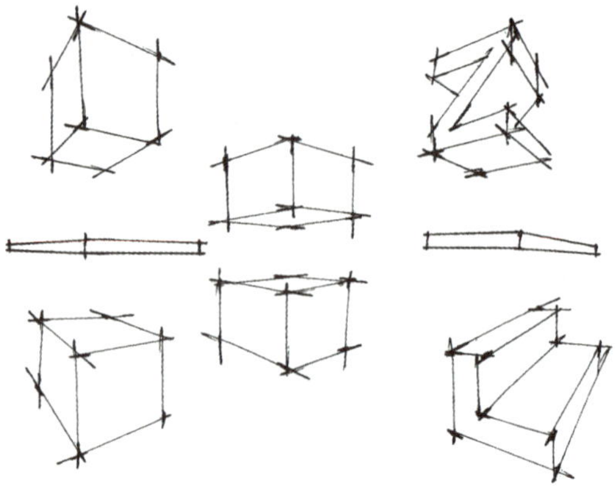

图2-31　两点透视练习图（二）

此处商业空间的面积较大，在使用两点透视绘制线稿时，应当注意画面边缘地带延伸感的塑造，要合理分配左右两侧边缘构造所占的比例。

网格线条可以很好地表现出墙面材质的特色。

画面近处弧面构造物的圆弧线绘制应当圆滑，这样视觉效果也会比较好。

图2-32　商业柜台两点透视图

图2-33　住宅区景观两点透视图

三、三点透视

三点透视多用于绘制超高层建筑的俯瞰图或仰视图，偶尔会用于室内空间的单体元素绘制，使用这种透视方法时需注意，第三个消失点必须和与画面保持垂直的主视线以及视角的二等分线保持一致。

在室内外快题设计中，可通过在两点透视的基础上增加一个消失点的方式来实现三点透视的绘制，这个消失点可定在两点透视中左右两个消失点连线的上方（仰视）或下方（俯视），但最终三个消失点的连线必须能形成一个近似等边三角形（图2-34～图2-36）。

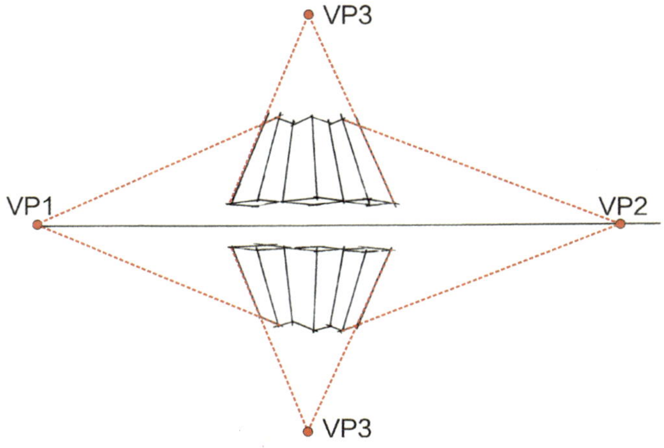

图2-34　三点透视画法

墙面材质轮廓的强化可通过强化透视的方向感和存在感来实现。

鸟瞰三点透视的第三个消失点在普通层高的室内空间中会确定在底部，这样也能让空间更具舒展性。

橱柜底部可适当加深阴影，这样也能有效平衡画面。

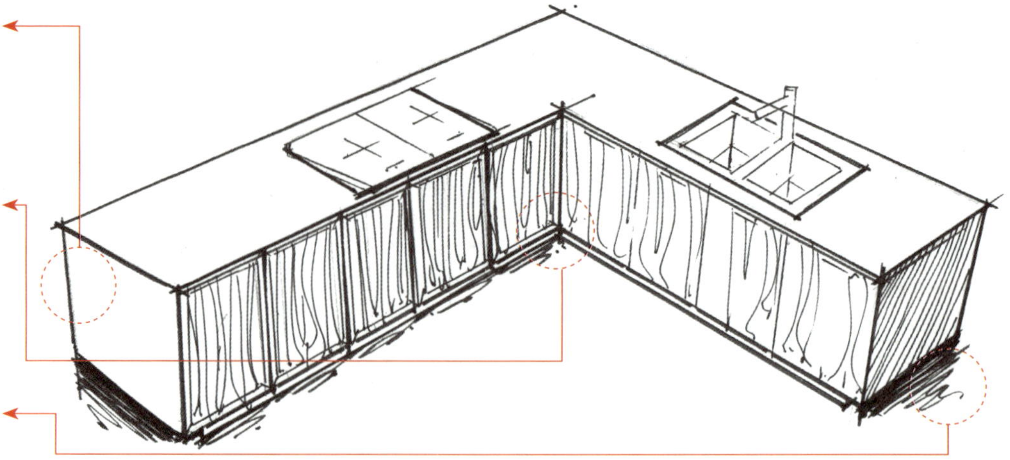

图2-35 橱柜三点透视图

此处为向下消失的三点透视，景观构造的顶端即为整幅画面的最高点。

画面中心景观构造的主体支撑结构同样向下集中透视。

画面周边的墙面铺装材料绘制时同样向下集中透视。

此处地面铺装材料绘制依旧遵循按左右两点方向消失的透视原理。

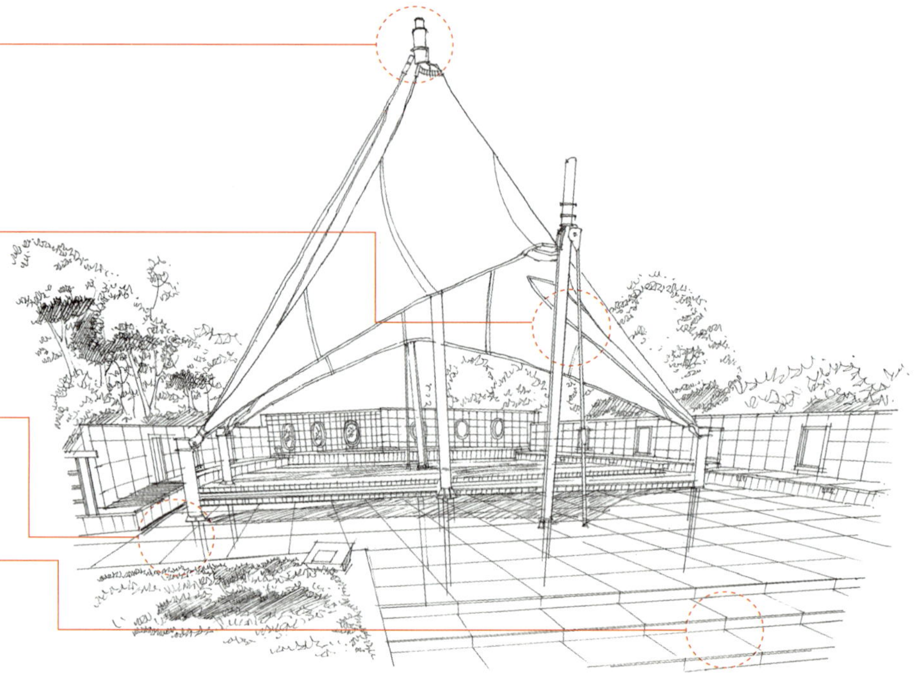

图2-36 公园景观三点透视图

第三节 单体线稿表现

单体是构成空间的基本元素之一，本节将重点讲解单体线稿的绘制方法，包括沙发、椅子、床体、家电、灯具、窗帘、画框、背景墙、室内植物、装饰品、景观植物、景观山石、景观水景以及景观小品等。

一、沙发、椅子线稿表现

在绘制沙发和椅子的线稿时一定要明确其具体的尺寸规格，一般单人沙发的长度在800～900mm之间变化，宽度在800～950mm之间变化；椅子的长度则在450～550mm之间变化，宽度在300～400mm之间变化。在绘制之前，建议先将沙发或椅子想象成几何形态，然后通过这种几何形态的变换来了解沙发和椅子的具体特点（图2-37）。

二、床体线稿表现

床体绘制比较复杂，它同样是由几何形体转换而成，一般双人床的长度在2000mm左右变化，宽度在1500～1800mm之间变化，从地面到床垫的高度则在450～500mm之间变化。在绘制时要尽量压低视点，床体不可过大，床与床头柜之间的距离也要控制好，并注意床上用品的细节绘制（图2-38）。

三、家电、灯具线稿表现

家电和灯具是室内空间不可缺少的一部分，在绘制线稿时要能清晰展示出家电和灯具的形态特点，要确保透视的准确度，并能赋予其对称性，而这些需要绘图者深入了解家电和灯具的形体结构，并总结出能更简单、更直接表现家电和灯具设计特征的绘制方法（图2-39）。

四、窗帘线稿表现

窗帘线稿的绘制要能表现出窗帘的形态结构和具体的材质特征，在绘制时要注重窗帘风格特点的表现。此外，窗帘一般出现在画面远处或画面边缘，因而可使用竖线绘制窗帘，但要注意线条之间交叉是否融洽（图2-40）。

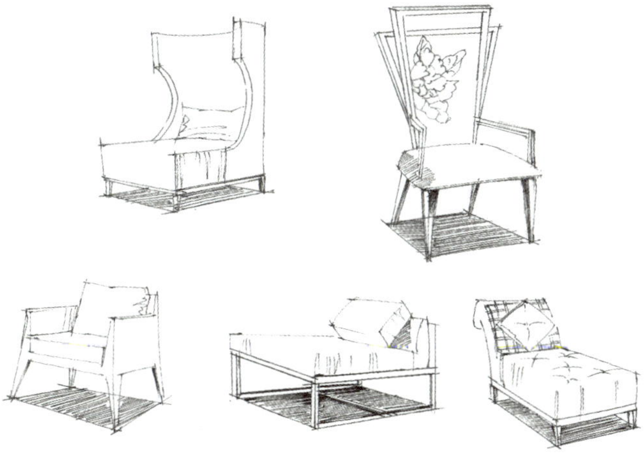

图2-37　沙发、椅子单体线稿

图2-37：一般坐垫高度会在沙发或椅子总高度的25%～30%的位置，且坐垫要比扶手更凸出。此外，沙发或椅子的靠垫绘制时还要明确靠垫的上下线是需要有透视感的，靠垫上的褶皱要随着靠垫鼓起的弧度绘制，一般下面宽度要比上面略宽，为了丰富画面效果，还可以在靠垫上点缀些许花纹图案。

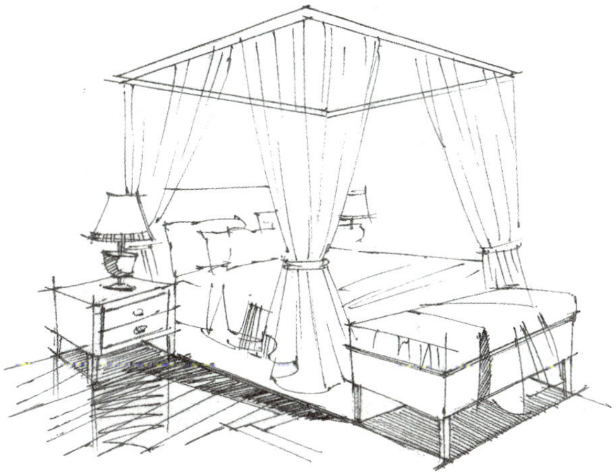

图2-38　床体单体线稿

图2-38：床体绘制时要确保透视和比例宽度的准确性，床单的线条要绘制的稍稍柔软一些，要能够表现出床单的布褶效果，且布的褶皱线条绘制要轻，不可过于坚硬，要能表现出布料的柔和感，床上其他部位的细节和投影也应当绘制准确。

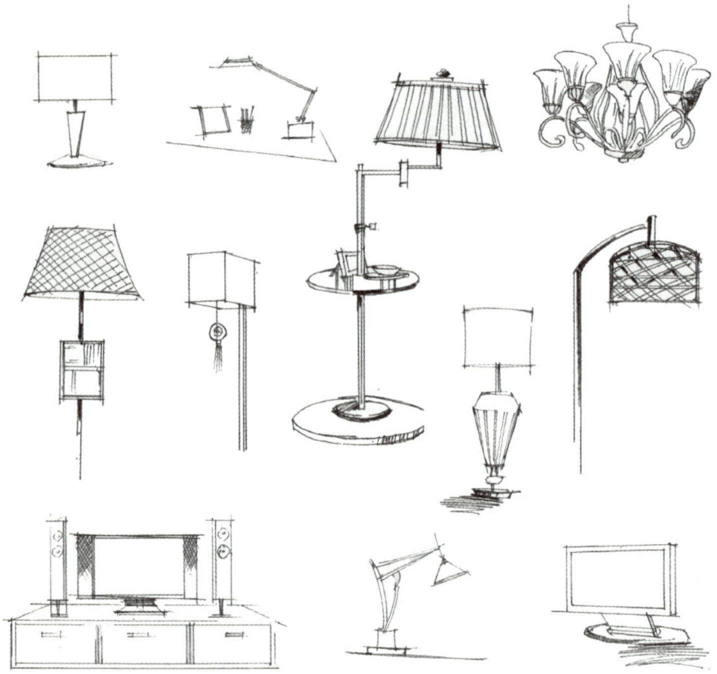

图2-39：灯具的绘制既可以很简单，也可以很复杂，这归根于灯具的具体形态，依据室内风格、灯具种类以及室内层高等的不同，所选灯具的设计形态也会有所不同。例如，绘制台灯灯罩时要确保透视的准确度，构成台灯灯罩的线条也应当轻松、流畅，可选用快线绘制，只要灯具的形体结构没有误差，通过后期的精准着色处理，同样可以起到衬托画面效果的作用。

图2-39 家电、灯具单体线稿

图2-40 窗帘单体线稿

五、画框、背景墙线稿表现

画框和背景墙在室内空间中多起到点缀的作用，它们能很好地丰富墙面。在绘制画框和背景墙时要注重四边宽度的处理，绘制要确保透视关系的准确性，背景墙的边缘厚度应当比画框的边缘厚度更薄一些。为了增强画面效果，墙体可借助尺规工具辅助绘制，注意保持墙面造型的准确性和画框的挺括感，对于画框中的内容则一般建议使用自由曲线绘制（图2-41）。

六、室内植物、装饰品线稿表现

室内植物和装饰品体量较小，但却可以在整个室内布局中起到画龙点睛的作用，例如，在室内死角处，放置一些植物或装饰品，便能很好的丰富死角处的视觉效果。由于效果图还有近景、中景及远景之分，因此在绘制室内植物和装饰品时要依据其所处位置的不同，表现出不同的虚实关系（图2-42、图2-43）。

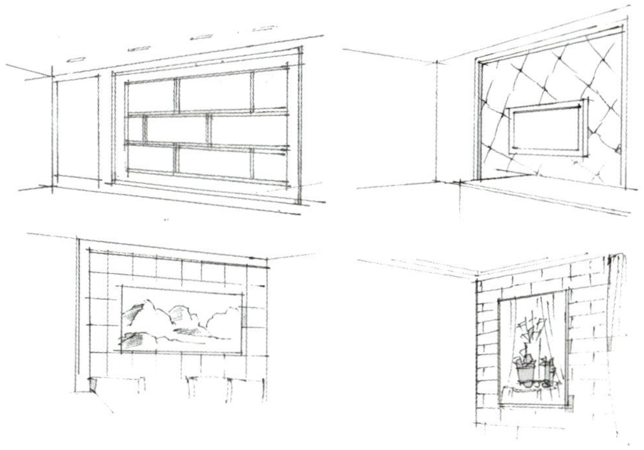

（a）画框

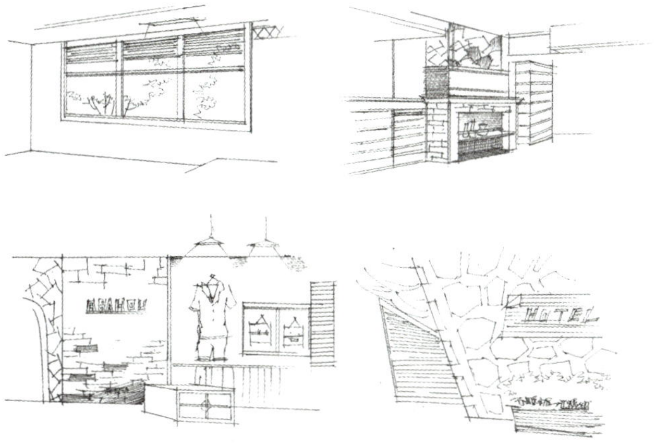

（b）背景墙

图2-41　画框、背景墙单体线稿

（a）植物1

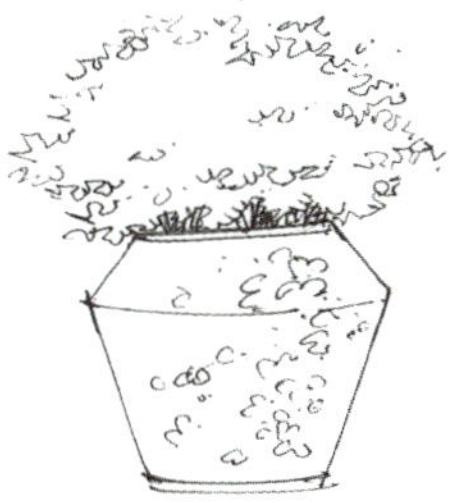

（b）植物2

（c）植物3

（d）植物4

（e）植物5

图2-42　室内植物单体线稿

（a）茶具组合

（b）装饰组合

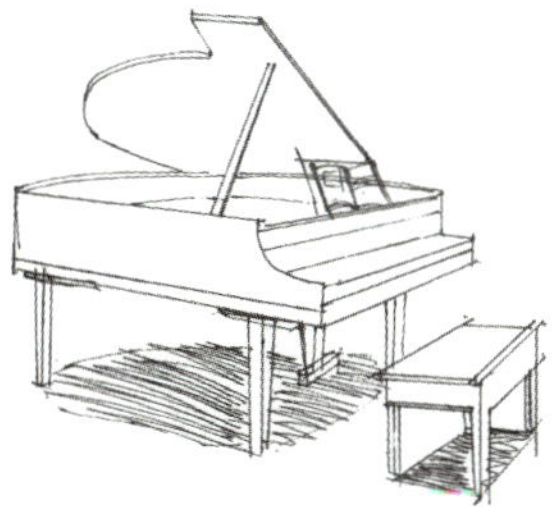

（c）钢琴

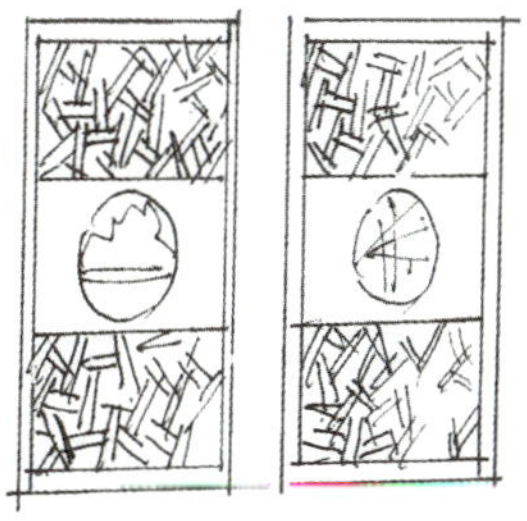

（d）屏风

图2-43　装饰品单体线稿

七、绿化植物线稿表现

绿化植物是室外空间比较重要的配景元素，植物不同的枝、干、冠构成以及分枝习性等决定了其形成的不同形态和特征。这里主要介绍乔木、灌木、修剪类植物、棕榈科植物、花草地被等线稿的绘制。

1. 乔木线稿表现

乔木结构可分为干、枝、叶、梢、根，其形态特征有缠枝、分枝、细裂及节疤等，在具体绘制时要能清楚表现这些形态结构的特征，一般绘制时应当先绘制树干，乔木的枝干应使用比较自然和流畅的线条绘制，要能明确枝干的位置，并能处理好分枝处的鼓点。此外，由于繁盛的树叶可以很好地营造体积感，因此在绘制乔木时还需注重树叶的刻画，同时还需明确表现出树木亮面和暗面的区别以及树叶产生的阴影等（图2-44）。

2．灌木线稿表现

灌木植株比较矮小，且基本没有突出的主干，属于观赏类的丛生状植物，单株灌木的绘制方式基本与乔木相同，不同的是枝干的绘制。由于灌木多以片植为主，因此绘制时要区分出是自然式种植还是规则式种植，并能清楚表现出树木的虚实变化［图2-45（a）］。

3．修剪类植物线稿表现

修剪类植物绘制时要表现出造型的几何变化，在用笔排线方面可适当变化，要能清楚表现出植物的基本几何形体，并清楚展示出树木的明暗交界线。此外，绘制时还需遵守“近实远虚”以及先深后浅的原则［图2-45（b）］。

4．棕榈科植物线稿表现

棕榈科植物属于热带植物，这类植物本身形式感比较强，在景观空间中运用比较频繁。

（1）椰子树绘制。椰子树也属于棕榈科植物，这种植物拥有比较特别的形态，在绘制时要能表现出植物张扬的形态，并能清楚表现出叶片从根部到尖部产生的由大到小的渐变效果，对于叶片与叶脉之间的距离也要控制好，绘制应当流畅，其树干也应当以横向纹理为主，呈现从上到下逐渐虚化的状态。

（2）棕榈。棕榈绘制较椰子树复杂，其线稿需要能够将棕榈多层次的叶片以及暗部区域分组处理好，且绘制的树冠左右要协调，要依据棕榈的生长形态将棕榈的基本骨架勾画出来，并能依据棕榈骨架生长规律的不同表现出棕榈叶片的完整形态，对于树冠与树枝之间的比例关系也应处理准确（图2-46）。

图2-44　乔木单体线稿

5．花草及地被线稿表现

依据生长规律的不同，可以将花草细分为直立型、丛生型及攀缘型等，在绘制时要注意轮廓及边缘的处理，线条绘制不可过于呆板，如果花草位于画面的近景中，则应当细致刻画花草的形态，如果花草位于画面的远景中，则大概绘制轮廓及部分叶片即可。此外，需注意的是攀缘型植物多应用于花架或者花坛上，在绘制时要表现出趣味性，并处理好植物与景观构造之间的遮挡与被遮挡关系（图2-47、图2-48）。

（a）灌木

（b）修剪类植物

图2-45　灌木和修剪类植物单体线稿

图2-46　棕榈科植物单体线稿

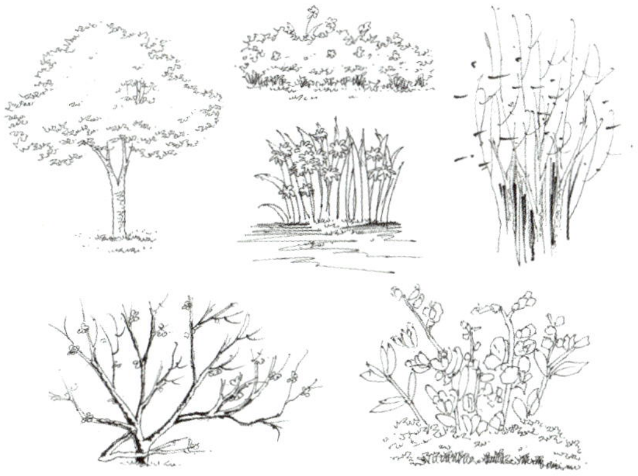

图2-47　花草及地被单体线稿

图2-48　别墅景观绿化透视图

补充要点

灌木绘制

灌木绘制首先应当注重形体的概括，通常多选用曲直结合的线条来绘制灌木的外轮廓，这种曲直结合的线条又称为抖动线，绘制这类线条时要求一直二曲，即绘制一段直线再绘制两段曲线，并能使曲线与直线相互结合，且这些曲线和直线在适当的部位还要保持一定的空隙，通过这种一直二曲的表现方式能够将树叶的外形快速绘制出来。此外，注意不可将灌木的外形表现得过于僵硬，要能够表现出正常绿植的自然形态。

八、景观山石线稿表现

景观山石同样是景观空间中必不可少的元素之一，在绘制时要重点表现出山石的体积感以及山石本身的质感和坚硬感，一般可通过线条力度和线条组织形成的结构形态的不同来表现出山石不同的质感和硬度。此外，对于山石阴影的重点刻画也能很好的体现出山石的空间感，要分面刻画山石，以突显山石材质的特点，注意线条绘制需硬朗（图2-49、图2-50）。

九、景观水景线稿表现

水景是园林的生机所在，一般将水景分为静态水景和动态水景。静态水景绘制要适度表现出倒影的特点，可在水中添加些植物，以达到活跃整幅画面的目的，注意绘制倒影时不可一比一比例复制，可适度模糊化，倒影的透视关系和表现的景物内容要符合要求，一般只表现距离水岸较近的景物。动态水景流速较快，可使用流畅、洒脱的线条来表现水景的流动感，且绘制时还需在水流交界的地方细致描绘水波涟漪和水滴飞溅的情景，这样画面也会更生动和自然。此外，绘制动态水景之前，还需明确各类水景的现实特点，要确保水流方向与线条绘制方向的一致性，并能通过对受光面的留白处理显现出水流的真实感（图2-51）。

十、景观小品线稿表现

景观小品功能比较简单，体量也较小，造型别致，一般需同时具备实用功能和精神功能，景观空间中的小亭、座椅、指示牌以及园灯等都属于建筑小品。景观小品绘制时要求能够清楚表现其造型特色，所选用的线条比较自由，并能通过对景观小品明暗面的细致刻画，从而增强景观小品的立体感（图2-52）。

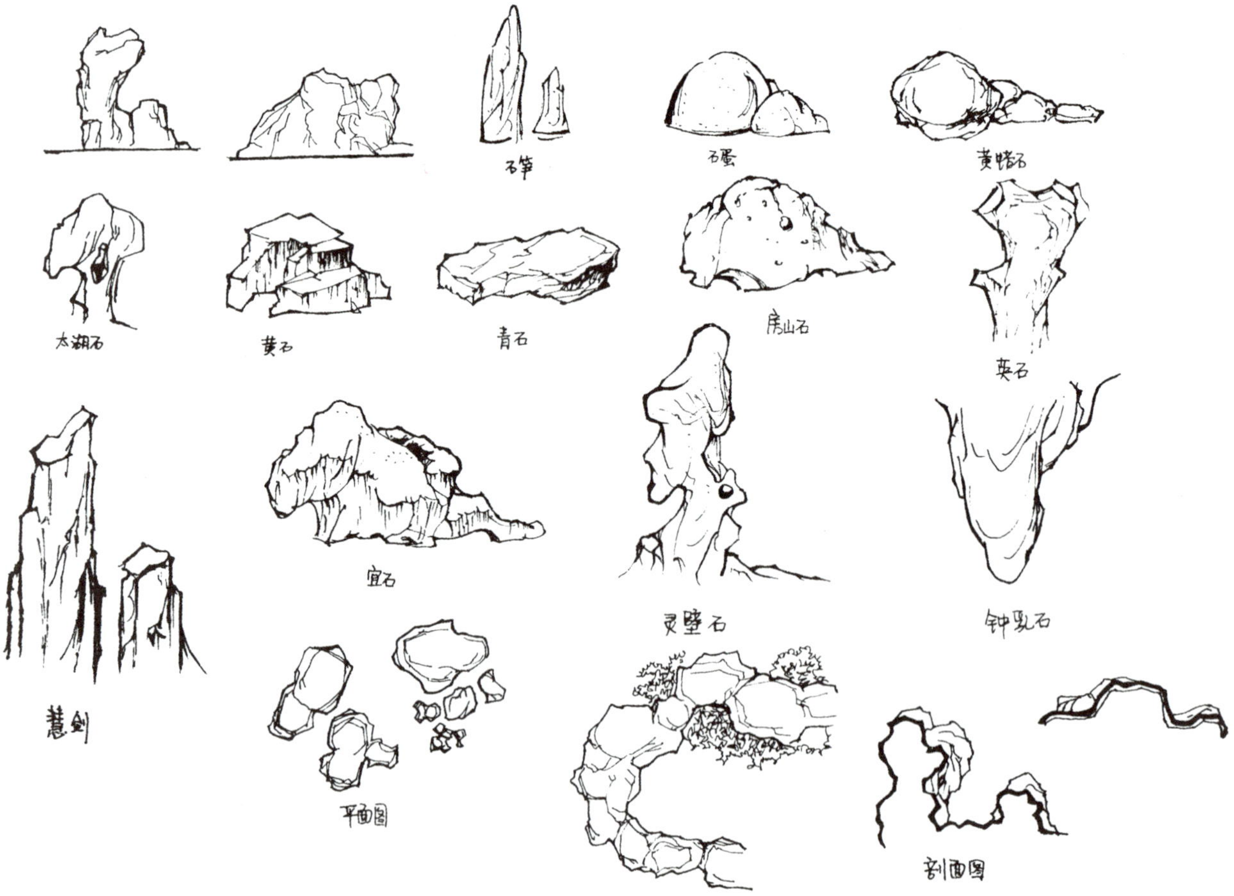

图2-49　传统景观山石线稿

图2-50　景观山石线稿

图2-51　景观水景线稿

图2-50：绘制山石时要处理好暗部的虚实关系和阴影关系，要重点刻画山石的明暗转折面，一般山石亮面线条比较硬朗，运笔较快，线条坚韧感比较强；山石暗面线条则顿挫感比较强，但运笔较慢，线条绘制比较粗重。此外，绘制时还要注意刻画暗部区域的反光面，要表现出山石圆中透硬的形态特征，且山石的大小要能相互匹配，还可在山石下方绘制少量草地，这样山石的着地效果会更强，画面的视觉效果也会比较好。

图2-51：绘制水景时要能细致刻画水体上方物体在水面形成的倒影，水体自身所有的波纹以及水体的下坠和流动情况都应当在线稿中表现出来。一般跌水会使用扫线的形式表现出水向下流的速度感和下坠感，绘制跌水时还会重点表现周边溅起的水滴。此外，在绘制动态水景时要事先预留水流的位置，并用与水流方向一致的线条绘制出水流的背光面，确认无误后，便可开始具体的细节绘制，注意线条的疏密与节奏要符合要求。

（a）装饰景观

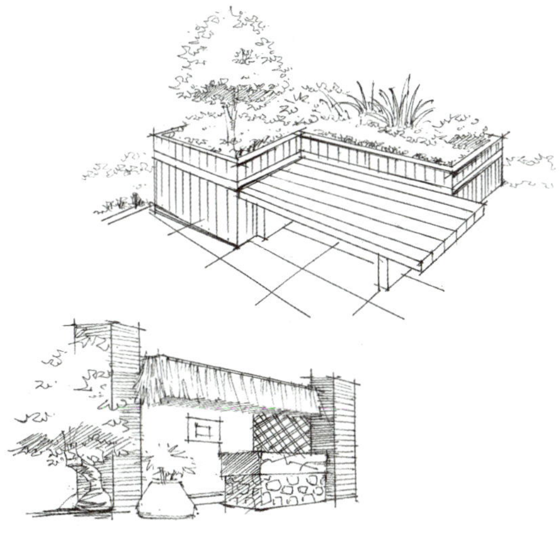

（b）功能景观

图2-52　景观小品线稿

图2-52：景观小品主要有两种使用情况：一种是作为某一景物或建筑环境的附属设施，绘制时要注意景观小品与整体环境之间的协调性和烘托关系；另一种是在局部环境中起到主景、点景和构景的作用，绘制时要注重形态结构的塑造，绘制内容也应当具体化。

第四节　组合空间线稿表现

空间中的形体较多，在绘制时要清楚表现出这些物体的质感和材质特色，本节将重点讲解组合空间线稿的绘制方法，包括住宅空间、办公空间、商业空间、建筑景观空间、酒店景观空间、别墅庭院景观空间及商业广场景观空间等。

一、住宅空间线稿表现

住宅空间绘制时首先必须明确的便是空间内各物体比例的合理性，家具的轮廓及其形体特征应当细致刻画，且由于住宅空间中的功能分区不同，每一个分区中的家具各有其特点，在具体绘制时应当依据分区类型选择合适的运笔方式，并注意阴影面的表现（图2-53、图2-54）。

落地窗面积较大，可详细绘制窗外景色，以强化画面效果，注意使用细线条绘制。

沙发上的横向线条绘制速度要快，下笔力度要轻，要注意明暗关系的表现。

深色沙发的暗部区域可使用高度密集的倾斜线条绘制，注意线条绘制的细腻度和排列的均匀性。

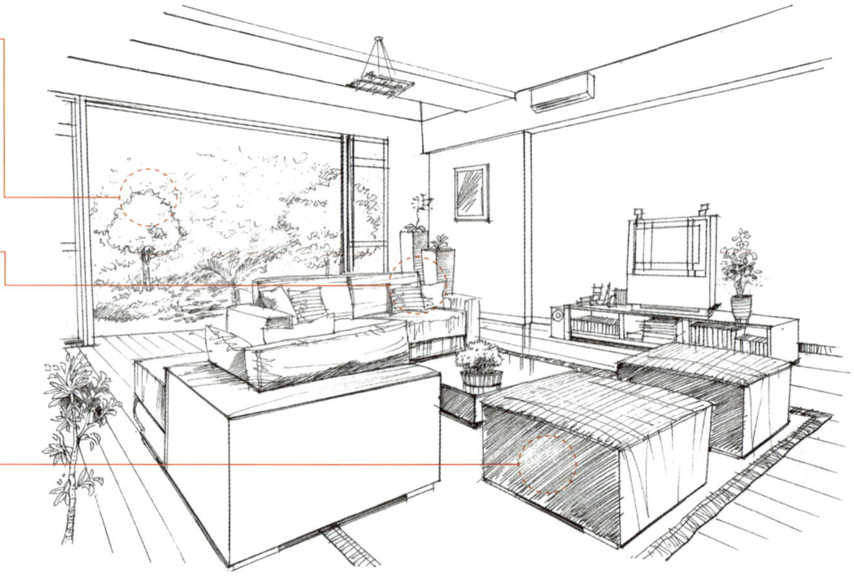

图2-53　住宅客厅线稿

软包墙面选用快线绘制，线条比较整齐，组合后效果好。

地板的绘制要注意条纹角度的正确性，不可距离太开，也不可过于紧凑，可用扫线的形式来表现阴影的特征。

细致刻画近处家具和陈设品的形态能有效平衡画面的构图，比较简洁的线条也能够清晰表现出近处沙发椅的蓬松感。

图2-54　住宅卧室线稿

二、办公空间线稿表现

办公空间的绘制要注重强调细节，并能清晰表现出空间的色彩关系，一般建议主体透视结构选用尺规工具绘制，这样画面效果会更规范（图2-55）。

1. 顶面绘制

一般可选用绘图笔勾画顶面造型的细节，绘制时要注意结构的准确性，大多数顶面造型都比较简洁。

2. 会议桌绘制

绘制会议桌时可从侧面添加适量的斜线，以便能强化阴影特征，从而强化画面的明暗层次，且会议桌地面的排列线条也可适当加深层次，这样能为后期着色提供明暗视觉基础。

3. 家具和窗帘绘制

家具绘制时要注重轮廓的表现，要能在整体上形成比较统一的视觉效果，并依据所处位置的不同，勾画的轮廓程度也不同；窗帘绘制时则需表现出窗帘的褶皱感和下坠感，可使用井格线来强化窗帘的形态。

4. 材料铺装绘制

办公空间要营造出强烈的规整感，必须强调装饰材料的形体与透视，所有材料轮廓的消失点应统一，尽量用直线勾勒顶面与地面铺装材料形体轮廓，提升透视的准确性。绘制时还需注意铺装材料之间的重叠关系，绘制线条要稳定，转折点要明确，在整体的线稿绘制完成后，还需进行局部调整，可利用少量线条来区分出铺装材料中的明暗对比与层次关系（图2-55）。

图2-55　办公空间三点透视图

补充要点

线稿的表现力

线稿既是对空间造型的表现，也是后期塑造色彩关系对比的前奏，线条拥有十分丰富的表现能力，在绘制线稿的过程中，可通过密集的线条排列来塑造比较深的阴影效果，这种密集的线条可塑造出三种以上的不同明暗层次，很适用于家具的暗部与地面投影的表现，而这对后期着色也具有十分明确的导向性。

三、商业空间线稿表现

常见的商业空间包括服装专卖店、书店、咖啡店、博物馆以及大型超市等，依据空间类型以及空间规模等的不同，其内部空间的绘制要求也不同，下面主要介绍服装专卖店与酒店大堂线稿的具体绘制。

1. 服装专卖店绘制

服装专卖店绘制要能显现店内的气氛，绘制重点在于服装陈列区和服装折叠区的具体绘制，要能详细表现出陈列架、顶面造型以及陈列柜等的形体特征，绘制所选用的比例必须正确，要能准确表现出服装专卖店的空间感，并能分清店内主次，明确店内各元素的明暗关系和虚实关系，通过对线条的运用突出阴影效果（图2-56）。

2. 酒店大堂绘制

酒店大堂一般面积较大，在绘制时要注重空间整体比例的合理性，并明确画面中的主次关系，且视平线也应当始终位于画面30%以下的位置，要能清晰表现顶面造型和墙面装饰造型的轮廓特征，对于酒店大堂内部的主体结构，则可借助直尺辅助绘制，这样也能有效增强空间的大气感，地面结构绘制也应当符合透视要求，各人物配景的比例应当合理（图2-57）。

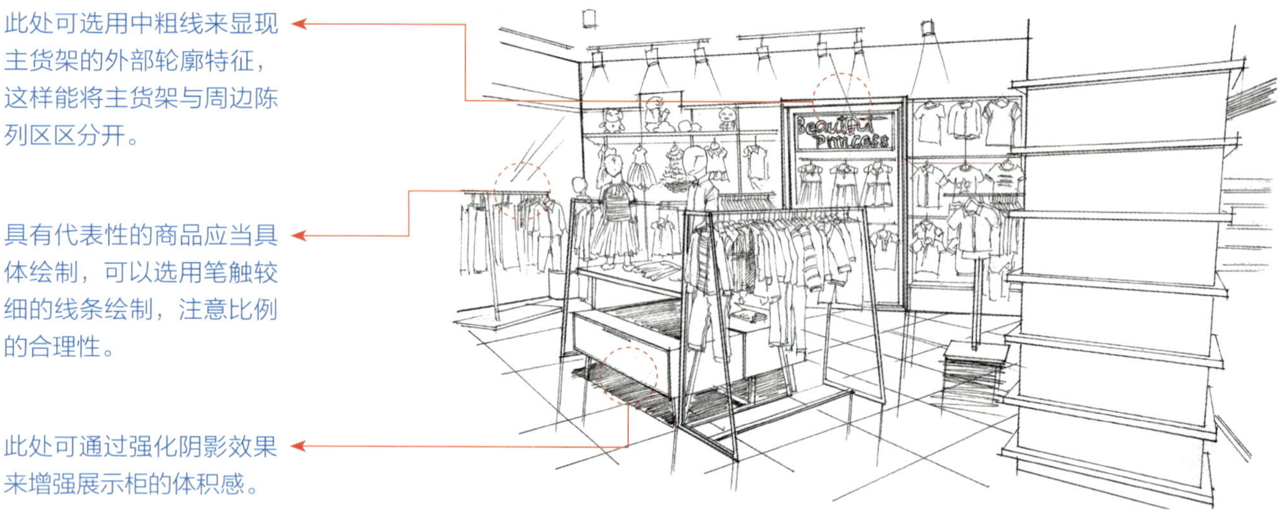

图2-56 服装专卖店线稿

图2-57 酒店大堂线稿

四、建筑景观线稿表现

建筑景观空间线稿绘制之前需要明确采用的是何种透视方式，视平线的高度定位在何处以及消失点定位在何处等，具体绘制时需要注意以下几点。

1. 轮廓勾勒

建筑景观空间中多设有亲水平台、四角亭以及种植池等元素，在使用铅笔勾勒景观构造的轮廓时需要确保构造本体以及画面整体结构比例和透视关系的正确性，并能在保证建筑景观主要设计对象完整性的前提下，详细描绘出主要景观的设计特征和其所处的环境特征等（图2-58）。

2. 近、中、远景绘制

绘制时多从近景往远景展开，一般是依据视平线的位置来判断后面物体的高度和宽度，主体构筑物多处于近景区域内，绘制时除表现其轮廓特征外，还需添加一些植物配景，并使整个画面处于比较干净的状态。当中景和近景绘制结束后，即可开始绘制远景，远景应当使用比较概括和简洁的表现方式，绘制结束后还需注意调整构图和深入刻画构筑物的光影关系（图2-59）。

图2-58　建筑景观线稿（李碧君）

图2-59　建筑景观线稿（董成）

五、酒店景观线稿表现

酒店景观和建筑景观的绘制方式基本相同，都需要使用铅笔来勾勒画面整体的结构比例和透视关系，在绘制酒店景观中的绿植时应当能够依据绿植类别的不同，显现其树叶不同的形态特质，绿植具体绘制时首先应当依据绿植的生长形态勾勒出其基本骨架，然后可依据骨架生长规律刻画出叶片的形态，所绘制的树冠和树枝之间的比例关系也要合理（图2-60、图2-61）。

椰子树（热带植物）要重点强调体积感的塑造，即使是在同一棵树上，树叶的明暗程度也应当有所变化。

主要的景观构筑物绘制时要突出主体结构，不可被绿植完全覆盖。

喷泉位于画面近处，可用弧线来表现喷泉的韵律感和自由感。

图2-60 酒店景观线稿（田冰花）

画面远处树梢的树叶选用简单的线条表现就可以，注意做好虚化处理。

景观构筑物位于画面中心，屋顶绘制时可排列密集线条，这样也能重点突显景观空间的前后层次关系。

透视线条能够很好地强化视觉中心。

台檐侧面排列有密集的竖向线条，可以增强画面层次感，同时也能点明绘制重点。

图2-61 度假村景观线稿（刘慧子）

六、别墅庭院景观线稿表现

别墅庭院景观线稿绘制要求能够清楚的将空间中主要景观构筑物的轮廓勾勒出来，并能通过明确视平线和消失点的位置，从而实现对整体景观空间透视关系的掌握。

在绘制时还要处理好主体景观构筑物与周边环境之间的透视关系，并确保景观绿植、景观小品以及景观水景等元素所采用的比例符合绘制要求，画面中的明暗关系也十分明确，整体的层次感比较强，景观构筑物与植物之间的体量关系以及各景观建筑物的材质特征均刻画得十分细致（图2-62、图2-63）。

图2-62　别墅庭院景观线稿（张子妍）

图2-63　别墅景观线稿（刘梅）

七、商业广场景观线稿表现

商业广场景观线稿绘制要求图面构图要合理，视平线的高度，消失点的位置等都必须反复确认，并能在绘制之前确定好景观空间内结构、框架与景观构筑物之间的高低关系，景观构筑物与周边环境的比例也需提前确定，这样绘图时的节奏才不会乱。

具体绘制时多按照近景→中景→远景的顺序展开具体绘制，注意景观空间中近处木栈道横向木缝线之间的缝隙间距要较远处木栈道横向木缝线之间的缝隙间距大，且植物绘制时还要处理好其与景观建筑之间高低、前后的空间关系，一般近景内绿植和景观构筑物绘制时需细致刻画其轮廓，远景内的绿植和景观构筑物则可简要概括，但注意所绘制的内容必须能烘托整体环境（图2-64）。

遮阳篷可选用竖向排列的细线条来强化遮阳篷下的投影。

画面近处花坛的栏杆需要重点绘制，注意明暗面的表现。

建筑顶部处于画面边缘地带，可逐层减弱绘制的细致度，直至终止绘制。

当家具与雕塑处于同一区域时，绘制时要注意增强家具与雕塑之间的明暗对比。

图2-64　商业广场景观线稿（张子妍）

本章小结

快题设计线稿的绘制既是着色的基础，也是完整图稿的核心。本章讲解了快题线稿的用笔姿势、线条表现技法和基本透视方法，分析了单体线稿与组合空间线稿的不同表现方式。练习时要灵活运用线条，对线稿进行深度提炼，达到完整、清晰的视觉效果。

课后练习

1. 线条的表现技法有哪些？
2. 如何练习直线与曲线？
3. 简述怎样判断透视关系。
4. 怎样把握透视的距离？
5. 如何绘制一幅完整的线稿？
6. 练习室内家具组合线稿手绘技法。

第三章

着色与层次表现

学习难度： ★★★★☆

重点概念： 马克笔、彩铅、单体着色、组合空间着色

章节导读：

着色是室内外快题设计的重点，重在考虑如何更好地进行色彩搭配，如何让着色后的视觉效果更具美感。本章介绍马克笔和彩铅的绘图技巧与单体着色和组合空间着色技巧，具体讲解快题设计着色的注意事项。

教案课件
请扫码阅读

快题设计着色图稿

第一节　着色工具表现技法

一般多使用马克笔绘制快题设计着色稿，为了丰富画面效果，部分场景还会用彩铅在马克笔涂色的基础上排列线条。

一、马克笔表现技法

1. 关于马克笔

马克笔又称为麦克笔，一端为尖头，一端为扁头，绘制时可依据场景的不同选择不同的笔头。马克笔可分为油性马克笔和水性马克笔，前者色彩柔和，笔触自然，绘制视觉效果好，后者色彩鲜亮度较高，笔触界限清晰，但不适合于图稿的叠色。

2. 运笔技法（图3-1）

（1）平移。这种技法是最常用的马克笔绘制技法，下笔速度要干净利落，应将平整的笔端与纸面完全接触，并快速、果断地画出笔触，起笔时也应当果断，不可长时间滞留在纸面上，以免纸面积水，形成不好的视觉效果。

（2）直线。一般用宽头端的侧锋或细头端来画，为了形成比较完整的开端和结尾，下笔和收笔时应当短暂停留，绘制时需注意这种直线多用于确定着色边界。

（3）点笔。这种技法多用于绘制蓬松物，如植物、地毯等，也可用于过渡或给大面积着色作点缀，绘制时需将笔头完全贴于纸面，点笔时也可进行各种提、挑、拖等，注意边缘线和密度需符合绘制要求。

（4）扫笔。重在运笔，且需快速抬笔，并加快运笔速度，且无明显的收笔，多用于处理画面边缘或过渡区。

（5）斜笔。多用于菱形或三角形区域着色，绘制时可利用调整笔端倾斜度来表现不同的宽度和斜度。

（6）蹭笔。下笔速度较快，适用于渐变部位着色，画面效果比较柔和、干净。

（7）重笔。一般用WG9号、CG9号、120号等深色马克笔来绘制，适用于投影部位，可有效拉开画面层次。

（8）点白。一般用于受光最多、最亮的部位，如光滑材质、玻璃等亮部，多使用涂改液和白色中性笔绘制，前者可用于较大面积点白，后者则用于细节精确部位点白。

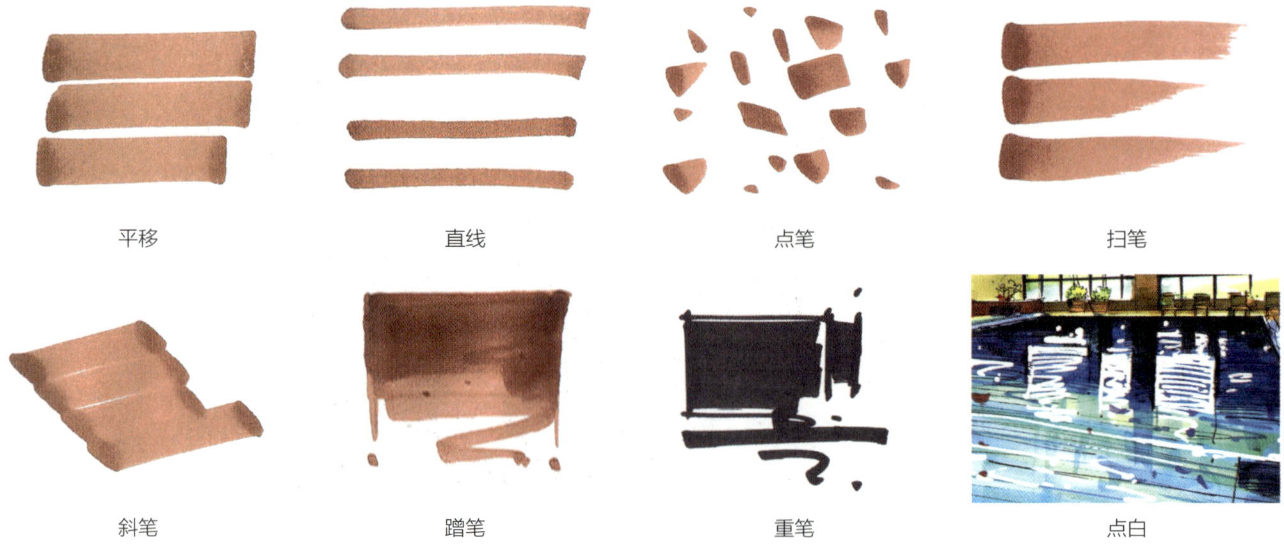

图3-1　马克笔运笔技法

二、马克笔材质表现

马克笔可用于表现各类材质的特征，而材质的真实性又能直观反映效果图的质量，在绘制时需注意不同的材质在色彩上和明暗对比度上会有不同。一般玻璃、瓷砖及抛光石材等质地比较光洁的材质拥有对比强烈的色彩和明暗度，涂料及砖石等质地比较粗糙的材质则拥有对比平和的色彩和明暗度（图3-2）。

（a）玻璃　（b）瓷砖　（c）石材　（d）毛石

（e）大块砖墙　（f）小块砖墙　（g）文化石　（h）木板

（i）藤质　（j）皮革　（k）平整绿化　（l）水面

图3-2　各类常用材质表现

补充要点

景观快题设计创意步骤

1. 结构建立。建设行走通道、休憩、娱乐以及观景等空间使用情景，注意空间中的对称、对景和收放等关系。

2. 地面设计。基于地面基础产生的绿地应当是建筑基底和必要道路以外的空地，不可将绿地作为填补空地，同时地面设计还需集中起来，要设计成有规模、有深度的景观，这包括铺地样式、喷泉、构筑物以及大尺度的人工湖等。

3. 单体设计。参考优秀设计作品的设计理念，并适量记忆一些具体的构造形体，这样具体绘制时也会比较有把握。

三、彩铅表现技法

彩铅全名为彩色铅笔，用于快题图稿着色，通常选用水溶性彩铅，这类彩铅能够很好地与马克笔的笔触相融合。

1. 彩铅特点

彩铅拥有比较丰富的色彩，笔触细腻，能够很好地处理画面中的细节，适用于画面中需要柔和过渡的区域。彩铅还可用于绘制材质的纹理，用笔时需做好空间感的处理，注意色彩不可过艳或过灰。此外，由于彩铅的颗粒感比较强，因此质感比较光滑的材质，如玻璃、石材及亮面漆等不建议使用彩铅绘制。

2. 彩铅绘制技巧

彩铅的基本画法有平涂和排线两种，绘制时需注重线条方向的规律性和下笔力度的适度性，注意叠加次数不可过多，要确保用色的准确性（图3-3）。

彩铅使用方便，遮盖能力也比较强，能很好地显现出厚重感，且彩铅也能与马克笔涂色很好的搭配，下面列举一些彩铅笔触表现来阐明其表现技法（图3-4）。

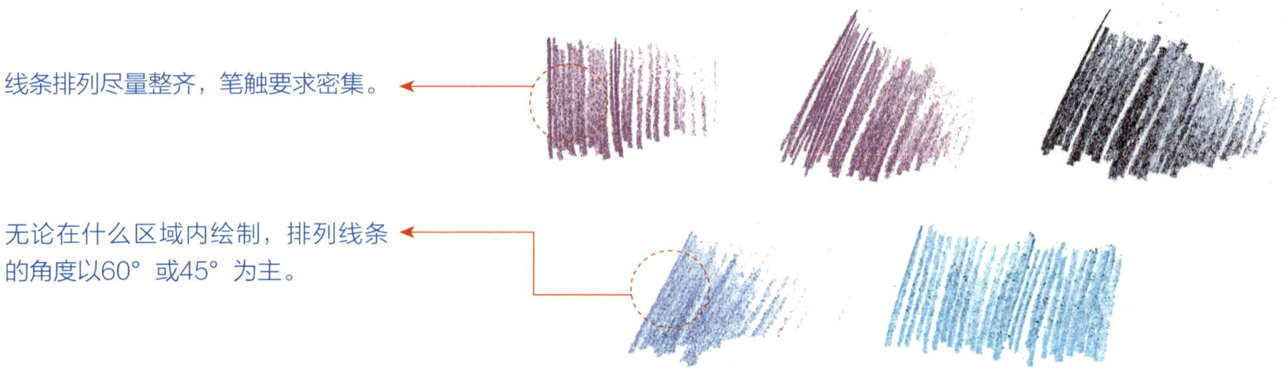

图3-3 彩铅笔触（程子莹）

图3-4 彩铅表现技法

第二节　单体着色表现

在着色练习中，可单独表现画面中的某局部特征，即单体着色表现，绘制时需考虑到固有色和环境色，同时还需注意单体形式之间的透视关系、尺寸关系及虚实关系等，本节主要介绍室内空间设计元素，如饰品、沙发、椅子、柜体、床、灯具、电器设备、门窗、窗帘、背景墙及室内绿化植物等的单体着色表现，以及景观空间内的设计元素，如景观植物（包括绿植和花卉）、景观山石、景观水景、景观小品、景观天空云彩及景观门窗等的单体着色表现。

一、饰品着色

饰品体量较小，所选用的色彩一般比较单纯，能够很好地点缀室内空间，常见的室内饰品包括摆件、花瓶及屏风等，这些饰品多归置于沙发或椅子上，也有部分安置在墙面上。

1. 饰品绘制配色

绘制选色时首先应考虑的是饰品的固有色，其次便是整个画面的环境色，为了保证画面的视觉效果，建议在确保固有色准确的前提下尽量与环境色相近，且饰品绘制时也不可有过于明显的明暗对比。

2. 饰品单体着色

（1）在绘制饰品时应当分清结构的主次，主要饰品可细致刻画细节，但不可喧宾夺主，次要饰品则需处理好形体与透视之间的关系，所选用的线条应当轻松、纤细。

（2）饰品绘制不需要大量刻画暗部面积，在选用深色绘制时可将两种深浅度不同的色彩进行有序叠加，这样饰品的体积感会更强，但注意最好不要使用黑色。

（3）绘制饰品时要注重材质的表现，同一种材质可选用两种深浅度不同的色彩，绘制时先使用浅色整体涂色，再使用深色对饰品的暗部区域进行细致刻画，为了丰富饰品的视觉效果，还可选用色彩浓度较深的彩铅倾斜45°排列线条，在马克笔涂色的基础上平涂一遍即可（图3-5）。

饰品单体着色表现

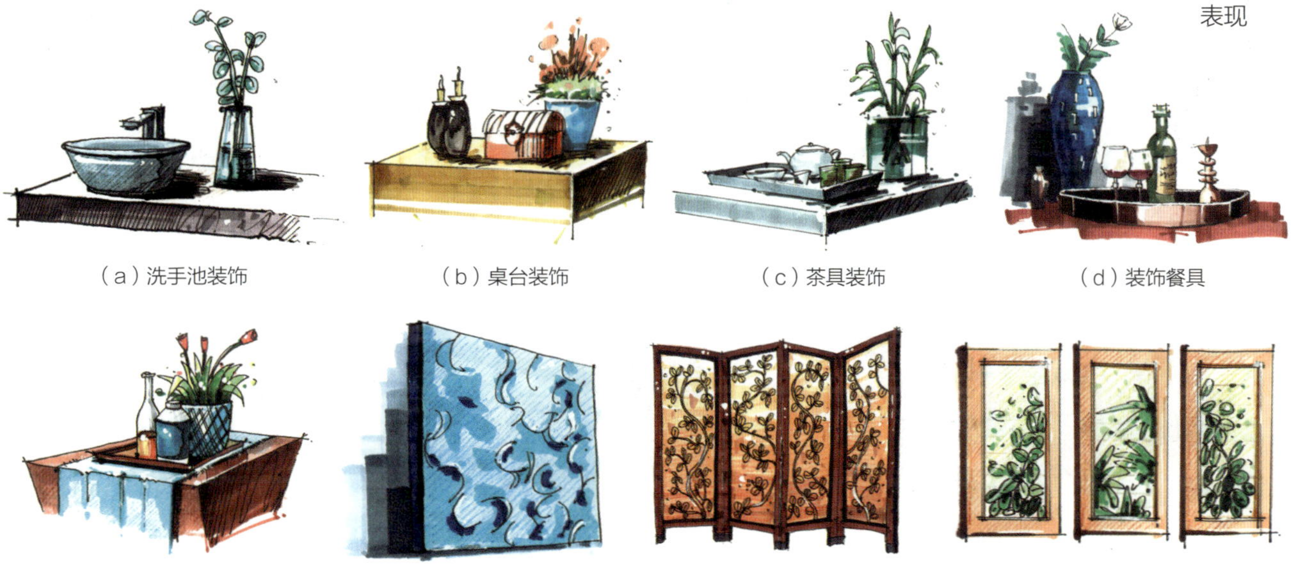

（a）洗手池装饰　（b）桌台装饰　（c）茶具装饰　（d）装饰餐具

（e）组合装饰　（f）艺术装饰　（g）装饰屏风　（h）装饰挂画

图3-5　饰品单体着色表现

二、沙发与椅子着色

沙发和椅子拥有比较丰富的质地，绘制时要利用不同的色彩和笔触表现出不同材质的特性来。沙发、椅子在室内空间效果图中出现的频率较高，基本已经占到了80%，且沙发、椅子的色彩、质地以及体积等都会影响到效果图的视觉美感（图3-6）。

（1）注重体积感的营造，用灯光来强化沙发和椅子的体积感，如果灯光位于室内空间的顶部，则位于画面中心的沙发和椅子的顶面都会是受光面，着色也将最浅。

（2）注重侧面的细节刻画，要明确沙发、椅子的灰面和暗面，一般将接近光源方向的面定位为过渡面或灰面，将远离光源方向或背光面定位为暗面，可选用同一种色彩覆盖这两个面，再使用色彩浓度更深一些的同色系马克笔覆盖沙发和椅子的暗部。

（3）投影可以增强沙发和椅子的体积感，在绘制时可依据主次关系，选用深灰色或黑色马克笔着色，以此来强化投影，并选用更深的彩铅在暗部覆盖排列线条，以便能进一步拉开暗部层次。

（4）沙发和椅子的投影多选用深灰色表现，具体使用暖灰色还是冷灰色，则需依据该室内空间地面的材质和整体画面的色调而定。

（5）沙发和椅子的亮面可选用涂改液点白，也可适当留白，以形成比较鲜明的明暗对比。

（a）靠椅

（b）普通座椅

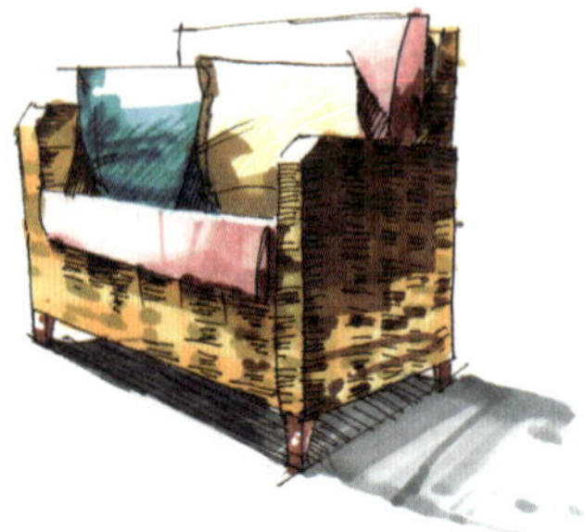
（c）双人沙发

（d）中式靠凳

（e）躺椅

（f）全包沙发

（g）欧式沙发

（h）露木沙发

（i）法式沙发

（j）沙发凳

椅子沙发单体着色表现

图3-6　沙发与椅子单体着色表现

三、柜体与床着色

柜体与床是卧室十分常见的主体家具，一般多为长方体，在着色时首先要注重色调运用的正确性，所选用的色彩要能与整体画面的丰富性和整体性相统一，且同一空间内的柜体和床的色彩也可以相互矛盾；其次便是绘制时要处理好柜体、床与整个画面之间的虚实关系、透视关系以及主次关系等，所选用的线条也应当比较自由和柔和，要能显现出柜体和床给人带来的舒适感（图3-7）。

四、灯具着色

日常所见到的光可以分为两类，即自然光和人工光源，在绘制这两类灯光时都需要注意投影轮廓以及透视关系的具体表现，一般室内灯光有灯带、筒灯以及娱乐场所的投光灯三种。

（1）灯具单体着色表现重点在于灯罩的细节刻画，多选用纯度较高的色彩覆盖，灯具的受光面可以不着色或少量着色。

（2）灯具着色时还要重点刻画背光面，要能清晰表现出灯具的明暗面，且明暗对比应当明显。

（3）具体着色时需注意灯具所发射出来的光应当与一般光线无异，但在部分环境比较昏暗的室内空间，可选用纯度比较高，但色彩浓度比较浅的黄色来表现灯具发射的光线（图3-8）。

五、电器设备着色

电器设备一般形体较大，多位于画面的边缘地带，自身的颜色较浅，着色方式基本与家具类似，但要更注重亮面的对比，可通过亮面适当留白，暗面加深的形式来凸显电器设备的体积感。

目前电视机与电脑显示器的屏幕是选用深色还是浅色着色并没有一个确定的答案，着色时选用浅蓝色来表

柜体与床单体
着色表现

图3-7　柜体与床单体着色表现（汪建成）

灯具单体着色表现

现处于画面中央或处于正面角度的显示器，而当电器设备处于侧面视角区域且屏幕面积比较窄小时，则更多会选用深灰色，并使用白色涂改液来绘制高光。

由于大部分电器设备的外表面材料多为塑料、金属等反光度比较高的材质，因此在绘制电器设备的亮面和过渡面时可以有选择性地选用涂改液点白，这种着色方式既能有效表现高光，又能充分表现出着色的明暗对比，同时也能进一步丰富画面的视觉效果（图3-9）。

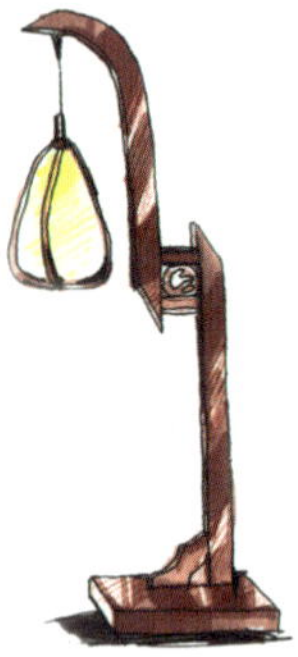
（a）缀灯

（b）吊灯

（c）台灯

（d）壁灯

（e）落地灯

（f）吸顶灯

（g）挂灯

图3-8 灯具单体着色表现

（a）冰箱

（b）洗衣机

（c）电热水壶

（d）咖啡机

电器设备单体着色表现

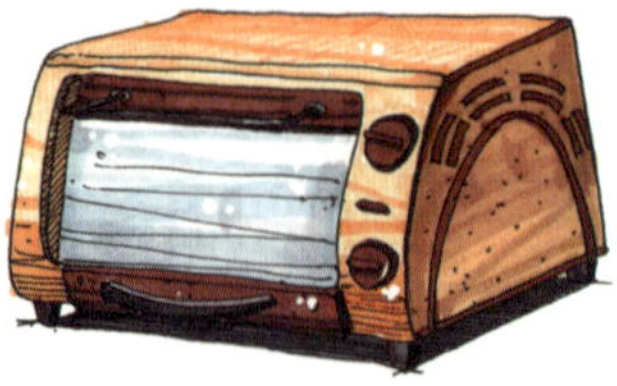
（e）烤面包机

（f）计算机

图3-9 电器设备单体着色表现

六、门窗与窗帘着色

1. 门窗单体着色

（1）门窗绘制重点在于立体感的塑造，在绘制时可尽量缩小门框和窗框等宽度，增加其厚度，并细致刻画凹入墙体中的门窗在上沿部分产生的投影。

（2）玻璃的颜色多源于室内外影像的发射，通常会选用中性蓝或中性绿来表现玻璃，也可依据周边环境的不同选择不同的色彩，一般门窗玻璃面积较大的，周边环境内容较少的，可以使用3~5种深浅度不同的深色来表现玻璃的特征，反之则可使用1~2种深浅度不同的深色来表现玻璃的特征。

（3）玻璃着色时需注意首要选择的颜色还是深蓝色和深绿色，这两种颜色可以很好地丰富玻璃的凸面效果，也可以少量使用深紫色或深褐色，但建议不要使用黑色。

2. 窗帘单体着色

窗帘着色要能表现出窗帘柔软的质地和其独有的褶皱感，多选用比较明快的色彩，以营造比较自然、亲切、轻松和舒适的室内氛围。此外，不同材质的窗帘应当选用不同的笔触，这样才能塑造多种多样的窗帘形象（图3-10）。

七、背景墙着色

背景墙能够很好地增强室内空间的立体美感，背景墙的绘制过程便是设计的过程，在进行背景墙单体着色表现时需注意，所选用色彩的明度和色彩对比度不可超过室内家具，且背景墙应当具有凹凸造型，着色时需将这些造型细节在图纸上逐一表现出来。

为了强化背景墙的设计感，一般不会选用色彩浓度较深的灰色或黑色来绘制背景墙的暗部区域，对背景墙形体轮廓的刻画也不可超过主体家具，且还需把控好画面中墙面的主次关系，部分没有什么设计含义的白墙可直接选用浅色马克笔由底部往上平涂即可（图3-11）。

八、室内绿化植物花叶着色

室内绿化植物多为盆栽观叶和观花植物，个别大型室内空间设置有小型灌木搭配，在表现时要明确花卉的形体结构，并能与其他常见的绿化植物有所区别。

1. 绿化植物单体着色表现

（1）绘制时应当表现出绿化植物成片生产，于统一中又有所变化的形态特征，可先使用马克笔直接上色，所使用的笔触应随着植物的穿插和变化而有所改变，绘制时要确保绿化植物的方向性和节奏韵律感，底色完结

（a）窗户

（b）窗帘

（c）门窗、窗帘

窗帘与门窗单体着色表现

图3-10　窗帘与门窗单体着色表现

后可使用钢笔适当勾线，以丰富绿化植物的形象特征。

（2）绿化植物的树叶要表现得比较自然，树叶的繁茂状态也应当细致刻画，要能凸显叶片与叶片之间的虚实关系和层次关系。

2. 花卉单体着色表现

（1）由于花卉靠近地面，因此在着色时要利用明暗对比关系和色彩对比关系来表现花卉和绿叶之间衬托与被衬托的关系，同时还可以使用点笔的形式来丰富画面效果。

（2）花卉绘制时要注意明暗对比关系，一般花卉周边的绿色环境色彩应适当加深，且在灌木着色时还需提前预留花卉的位置，这样也能更好地凸显色泽较浅的花卉。

（3）色彩之间的搭配也是花卉表现十分重要的一部分，一般可使用浅蓝色、红色、紫色、橙色及黄绿色等作为花卉的主色，这些色彩也可相互叠加（图3-12）。

（a）电视背景墙1　（b）电视背景墙2　（c）电视背景墙3

图3-11　背景墙单体着色表现

背景墙单体着色表现

植物单体着色表现

（a）花瓶

（b）盆栽

图3-12　植物单体着色表现

九、室外景观植物着色

下面主要介绍室外乔木、灌木以及花卉等景观植物单体着色表现的具体内容。

1. 乔木单体着色表现

乔木体积要大于灌木，近处的乔木多以单株呈现，乔木着色时要分清主次，要注重树冠轮廓的表现，着色线条应当自然，且能清楚表现出乔木的形体结构特征；乔木着色还需注意枝干分枝位置的处理，要利用明暗对比度的不同来凸显乔木的特点，可利用点笔来增强画面的生动感。此外，椰子树（热带乔木）着色时要注意叶片不同层次之间的渐变与过渡，且叶片着色应具有连续性，其树干着色应沿着横向纹理，由上至下逐渐虚化树干轮廓，并确保冷暖色彩运用的合理性。

2. 灌木单体着色表现

灌木形态较低矮，多成丛成组，以绿色表现，着色时需分层次使用深浅不一的绿色，底色一般为平铺的浅绿色；第二层为更浅一些的绿色，并选用点绘着色；第三层是暗部的绘制，主要用较深的绿色强化暗部特征，但不可用过深的绿色或深蓝绿色；第四层是细节的刻画，即使用涂改液在亮部和中间部少量点白，以突显镂空效果。此外，灌木着色时还可在其底部点绘少量黑色，以增强画面的明暗对比效果，如果灌木在画面中所占面积较大，则可使用蓝绿色、黄绿色或蓝紫色等其他色彩为灌木着色，这样也能丰富画面的视觉效果。

3. 花卉单体着色表现

景观花卉其实也属于乔木，一般花卉多用圆形、三角形、多边形来表现。花卉在着色时需注重明暗对比和色彩对比的表现，并能巧妙运用色彩凸显出花叶之间的主次关系，花卉的色彩比较丰富，多会选用橙色、紫色、黄绿色或浅蓝色等作为花卉的主色。此外，花卉在绘制时还要能够凸显形体特征，可适量在花卉亮部点白，以表现高光，达到增强花卉体积感的目的（图3-13～图3-15）。

（a）　（b）　（c）　（d）　（e）

图3-13　乔木单体着色表现

（a）　（b）　（c）　（d）　（e）

图3-14　灌木单体着色表现

（a）

（b）

（c）

景观植物着色表现

（d）

（e）

图3-15 景观植物着色表现

十、室外景观山石着色

室外景观山石的具体表现有动静与深浅之分，在着色时要注意其材质、形态以及动静等的细致描绘，注意用笔要能表现出山石的体积感。

山石着色时不需太过复杂，一般多依据线稿中所绘制的山石结构来进行具体的着色工作，多选用冷灰色或暖灰色来表现石头的色彩和明暗对比度之间的变化，注意随着石头种类的不同，冷暖色调的深浅度也有所不同，着色时要确保冷暖色调之间的协调性。

由于大部分景观水体周边都会布置山石，可用棕黄色、褐色及灰色等系列的马克笔绘制，注意运笔的挺拔度，并尽量使用短直线运笔，这样也能很好地表现出石材的坚硬质感（图3-16）。

景观山石着色表现

（a）山石1

（b）山石2

图3-16 景观山石着色表现

补充要点

点彩

点彩主要依据明暗关系的变化来实现对主体的衬托效果，操作之前应当多次练习。

十一、室外景观水景着色

室外景观水景不可喧宾夺主，要注重水体结构和特色的表现，着色时需注意以下几点。

1. 倒影着色表现

水景着色时要注重倒影的表现，倒影色彩一般比较深，多为深蓝色、深绿色或深灰色，且倒影还需能够表现出水体自身波纹的特点，并可通过深浅色的对比以及涂改液点白和白色高光笔有序排列线条来达到细致刻画水景倒影形态的目的［图3-17（a）］。

2. 跌水着色表现

着色时如需表现出跌水向下流淌的速度感和下坠感，则可使用点笔的方式来绘制跌水四溅的水滴，同时用涂改液来表现高光，以衬托出跌水的形态特征［图3-17（b）］。

3. 景墙着色表现

景墙着色时需重点注意透视的准确性，并能通过运笔方式和色彩运用的不同来细致表现景墙材质的特点［图3-17（c）］。

4. 喷泉着色表现

喷泉着色时要能表现出喷泉由于向上喷射的力度与水柱下坠时产生的水滴效果，可灵活运用涂改液或白色高光来表现喷泉喷涌后坠落的效果［图3-17（d）］。

（a）倒影着色表现

（b）跌水着色表现

（c）景墙着色表现

（d）喷泉着色表现

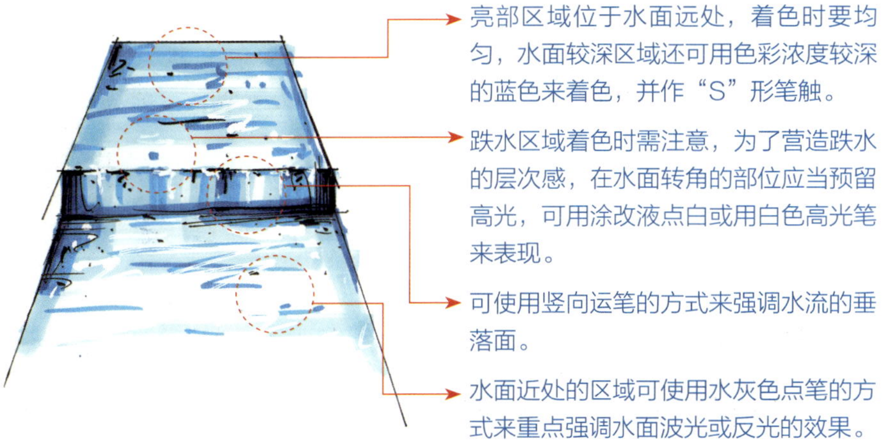

（e）水景单体着色

图3-17　景观水景着色表现

景观水景着色表现

十二、室外景观小品着色

室外景观小品能够对空间起到一定的点缀作用，室外景观小品包括建筑小品、生活设施小品及道路设施小品等。

室外景观小品可具体分为艺术装置、壁画、雕塑、花坛、座椅、电话亭、音响、指示牌、灯具、垃圾箱、健身器材、游戏设施及装饰灯等。景观小品体量较小，绘制比较简单，着色时要注重构造形体和明暗关系的体现。

（1）景观小品在着色时可选用多种不同的色彩，一般应考虑小品的固有色，其次便是整体画面的环境色，注意景观小品不可过度强化明暗对比度，在色彩叠加时还要考虑体积感的营造，不可选用过深的色彩。

（2）表现景观小品构造形态时要强调主次分明，所选用的着色线条应当比较纤细、轻松，可深入刻画主要小品。此外，景观小品着色时还要注重周边绿化、水景以及天空等色彩的选择，以便能更好地丰富画面视觉美感。

（3）可利用深浅对比色来表现花坛、座椅等小品的体积感，一般应先着整体浅色，再着暗面深色，如果色彩深度不足，还可选用较深的彩铅倾斜45° 排列线条，在马克笔基础上平涂一遍即可（图3-18）。

十三、室外景观门窗着色

室外景观门窗是景观建筑中比较重要的一部分，它的绘制和着色会影响建筑和景观的整体效果。首先，便是色彩的选择，一般为了表现出景观门窗玻璃的材质特色，多选用中性蓝或中性绿来表现，且玻璃的色彩具有不确定性，它会随着周边环境的变化而有所改变。

当景观门窗的玻璃面积较大，而周围环境较少时，可赋予玻璃3～5种深浅不同的深色；当景观门窗玻璃面积较小，周围环境面积较大时，则可赋予玻璃1～2种深浅不同的深色。此外，为了凸显门窗的凸面效果，建议尽量不要使用黑色，可用少量深紫色、深褐色等来凸显景观门窗的体积感（图3-19）。

景观小品着色表现

（a）景观小品1

（b）景观小品2

（c）景观小品3

图3-18 景观小品着色表现

景观门窗着色表现

（a）景观门

（b）景观窗

（c）门1

（d）门2

（e）窗

图3-19　景观门窗着色表现

图3-19：景观门窗着色时还需重点表现出玻璃光滑的质感，要利用深色来凸显浅色，并利用涂改液提亮玻璃的亮部，以便能形成比较明显的明暗对比。对于部分非玻璃制成的景观门窗，则可选用相对应的色彩来表现材质特色，例如使用黄褐色的木纹色来表现木质门窗，使用红棕色的铁门色来表现铁质门窗等。

十四、天空云彩着色

天空云彩一般是在主体对象之后绘制，由于天空云彩一般在树梢和建筑的上方，因此着色时多选择浅蓝色、浅紫色，又由于树梢和建筑的顶部多为受光面，色彩较浅，天空云彩在着色时要求能够衬托树梢和建筑的轮廓，并要注重明暗对比度的把控，以便能营造更好的视觉效果。

天空云彩的着色深浅程度是依据整个画面的色彩关系来确定的，为了画面的统一性和整体性，可选择在马克笔着色的基础上，再选用更深层次的同色系彩铅，在云朵的暗部区域排列整齐的45° 线条，同时还可使用尖锐的彩铅来细致刻画树梢与建筑的边缘，以此来实现丰富画面视觉效果的目的。此外，天空云彩着色时的运笔速度要快，可以通过使用快速平推配合点笔的形式来表现天空云彩的特点，并能够表现出每一朵云彩的体积感（图3-20）。

（a）天空云彩1

（b）天空云彩2

（c）天空云彩3

（d）天空云彩4

（e）天空云彩5

（f）天空云彩6

图3-20　景观天空云彩着色表现

景观天空云彩着色表现

第三节　组合空间着色表现

组合空间着色表现主要是利用空间内各单体的色彩冷暖的变化来实现不同氛围的营造，在着色时，依旧需要以线稿为基础参考资料。组合着色表现依据空间的不同可分为家居空间着色表现、办公空间着色表现、商业空间着色表现、建筑景观着色表现、酒店景观着色表现、别墅庭院景观着色表现及商业广场景观着色表现等。

一、家居空间着色

家居空间着色表现首先应当确保透视形体结构的正确性，其次便是空间内物体摆放位置和比例关系的正确性，一般应注意以下几点。

1. 明确功能分区

家居空间内部依据功能的不同，分区也有不同，如客厅、卧室、厨房、餐厅、阳台、书房及卫生间等，每一个分区都有其特定的氛围，着色时所选定的色彩要符合分区内的设计氛围。

2. 分清主次关系

家居空间着色时还需分清主次关系，这包括整个家居空间的主次关系和单个功能分区内的主次关系，且分区内的虚实关系也要处理好，可通过空间内物品的固有色和光源色、环境色等来拉开空间的冷暖感。

3. 注重投影

家居空间着色时要注重对投影的细致刻画，地面与投影之间的色彩应当有所加深，这样也能带动整个画面的色彩层次，但必须注意空间顶部不需要使用太多的色彩，简单、大方，平涂即可。

4. 重视画面构图

平衡的构图以及巧妙的取景角度能够很好地衬托出画面的中心，画面的视觉效果也能因此有所改变。

5. 着色顺序要正确

一般应依据色调要求逐步完成从近景到远景的着色工作，空间内墙面、顶面及地面等需用大笔触快速运笔，注意色彩的冷暖变化以及光影变化需要色彩还未完全干透时过渡，注意过渡应柔和（图3-21）。

图3-21 家居空间着色表现

二、办公空间着色

办公空间着色时要注重空间透视和结构转折的正确性，在着色时应当从近景往远景推，对于画面近景区域的物品应当细致刻画，远景区域内的物品则可概括化，着色时要注意整个办公空间的透视关系，要能够用比较规整的着色线条来表现出顶部以及地面材质的特色。

在着色时，还需更深入的表现办公空间的层次关系，应当详细表现出办公座椅材质的细节特点，包括色彩特点，纹理特点以及材质特点等，并注意适当留白，以使家具在视觉上更显透亮，同时还需利用深浅色彩的应用来表现空间阴影与地面的反射效果，注意着色要遵守“近亮远暗”的原则，要能表现出空间的进深感（图3-22）。

图3-22 办公空间着色表现

三、商业空间着色

商业空间所包括的空间较多，如餐厅、咖啡厅、酒吧、商场、KTV及书店等，在着色时同样需要重点表现其内部建筑结构与形体透视的特点，如在空间内部添加人物，则对人物的行走动态、组合关系等也需细致描绘，并严格遵守近大远小的透视原理。

首先，商业空间在着色时需逐步完善空间内部的结构和光影关系，并能适当凸显背光面的暗部和物品的投影面，着色时应先用马克笔画出明暗、结构关系。

其次，在预留出远处的白色的基础上大面积平铺色，平涂时要注重色调的协调性，色彩运用不可过多。

再次，底色完成后便可使用马克笔进行受光面着色，为了提高暗部的活泼度，在着色时还可少量添加暖灰色；再逐步进行色彩的冷暖及明暗过渡，注意所运用的色彩要能表现出建筑内部的延伸和空间感。

最后，进行整体调整，深化地面色彩和投影的刻画，以突显空间的节奏和变化（图3-23）。

四、建筑景观着色

建筑景观着色首先要注重建筑结构的细致刻画，其次便是要确保比例和透视关系的准确性，最后要明确画面的明暗关系，并分清配景与建筑的主次关系，具体注意细节如下。

1. 着色要完整

着色要确保景观的完整性，要能清楚交代主要景观的位置以及景观环境中各物体的形态位置等。

2. 用色要合理

线稿绘制完成后可开始大面积着色。

首先，应当对植物、建筑以及其他景观构筑物的固有色开始着色，并能区分出植物在用色上的不同，使其具备一定的层次感，远景和近景的乔木应当分别使用不同纯度的色彩表现，远景应当选用偏冷的灰色，并整体刻画；近景应当选用色彩饱和度较高的颜色，并注意细节刻画。

其次，在统一大色调的前提下，增强亮部和暗部的对比以及色彩冷暖的对比，注意暗部着色时可适量增添一些冷灰色。

最后，可深入刻画投影细节，要准确表现不同材质的固有色以及景观与建筑之间的阴影关系，并能通过对色彩的运用，进一步深入刻画景观环境，以达到丰富画面色彩关系和空间层次的目的（图3-24）。

图3-23 餐厅着色表现

图3-24　建筑景观着色表现

五、酒店景观着色

在酒店景观线稿绘制比较完整的前提条件下，着色会更顺利。

首先，选用色彩浓度较浅的马克笔大面积平铺底色，在确认酒店景观内部植物、水景以及硬质铺装的固有色后，便可进行第二层着色，着色时要注意前后光影的明暗关系和空间虚实关系，并明确暗面、亮面以及灰面之间的关系，用不同的色彩表现。

其次，在大色调统一着色后，可利用色彩明度、纯度以及饱和度的不同来表现亮部和暗部不同的色彩特征和冷暖特征，同时酒店景观的光影关系要时刻处于顶面亮、侧面会、背面暗的状态，为了丰富画面的整体效果，可通过在暗部区域添加少量的冷灰色，来达到凸显暗部和亮部冷暖色彩关系的目的。

最后，便是细节的调整，包括对空间着色细节，构筑物材质的表现以及建筑结构光影表现等的细节调整，可以利用钢笔、高光笔以及彩铅的不同笔触来深入刻画景观中叠水的细节部位，同时着色快结束时还可依据个人审美习惯调整画面，需注意对空间虚实的强调（图3-25）。

图3-25　酒店景观着色表现

六、别墅庭院景观着色

别墅庭院景观着色同样要注重对建筑结构的细致刻画，在着色之前要确保比例和透视关系的准确性，并能够强化景观中光影和细节的刻画，以便能更清晰的展示别墅庭院景观的特色。

第一，别墅庭院景观着色应当确保景观的完整性，周边环境色彩能够与主体景观色彩相融合，并能明确主要景观以及环境中各物体的形态位置。

第二，在大色调确定的前提下，应当对植物、建筑以及其他景观构筑物的固有色开始着色，并能区分出植物色彩基调，除了常规绿色外，可以穿插紫红色、红棕色、黄色绿植来丰富画面效果与层次感。

第三，别墅庭院的绿植要有强烈的主题性与装饰性，同样是绿色，要刻意变化出多种绿色色相倾向，如偏黄的绿色、偏蓝的绿色、偏棕的绿色等，在色彩变化的基础上再进行纯度变化，赋予不同灰度，如偏冷灰的绿色、偏暖灰的绿色等。这样塑造的绿植色彩就具有丰富的装饰效果。

第四，深入刻画投影细节，需准确表现不同材质的固有色以及景观与建筑之间的阴影关系，并能通过对色彩的运用，进一步深入刻画景观环境。

第五，依据个人审美调整画面细节，注意对空间虚实的强调和对空间进深感的塑造（图3-26）。

图3-26　别墅庭院景观着色表现

补充要点

绿化植物着色要点

1. 同色系的明暗对比。在同一种绿植上，应当选用同一色系中浅、中、深3种不同颜色来着色，一般是先大面积覆盖浅色，再用中色压盖一部分浅色，最后用深色压盖一部分中色，这样的色彩能营造出比较好的层级效果，绿植的体积感也能有效增强。

2. 灵活多变的点笔和挑笔。绿植着色时善用点笔和挑笔技法，能够很好地活跃画面内容，且这两种运笔既可以不局限于轮廓线条以内，又可以随意点到轮廓以外去表现丰富的枝叶形态。

3. 善用涂改液。在深色部位点涂涂改液可表现出枝叶间镂空的效果，这既能进一步丰富画面，也能让整体效果更精致、自然。

本章小结

色彩赋予了画面丰富的视觉效果，着色重在考虑如何进行更好、更合理的色彩搭配，如何使着色后的视觉效果更具有美感，同时也要熟练掌握马克笔与彩铅的搭配使用。色彩关系和谐与否、色彩材质的表现等，决定了最后呈现出的色彩效果。

课后练习

1. 马克笔有哪些常用表现技法?
2. 简述不同材质的表现手法。
3. 列举景观水景水体新的表现手法。
4. 单体着色和组合着色的侧重点分别是什么?
5. 如何设计场景的配色?
6. 给一套组合场景线稿着色。

水景区
休闲区
入口区
主人流动线
次人流动线

第四章

文字说明与思维导图

学习难度： ★★★☆☆

重点概念： 标题文字、思维导图、设计说明

章节导读：

文字是用于承载语言、记录思想、交流传递的符号，它具有思维引导功能。室内外快题设计中的文字能够引导读图者了解设计主题、设计目的、设计过程以及设计内容等信息，本章将通过对标题文字书写、思维导图绘制以及设计说明书写等内容的详细解说来明确设计方案中文字书写的重要性。

教案课件
请扫码阅读

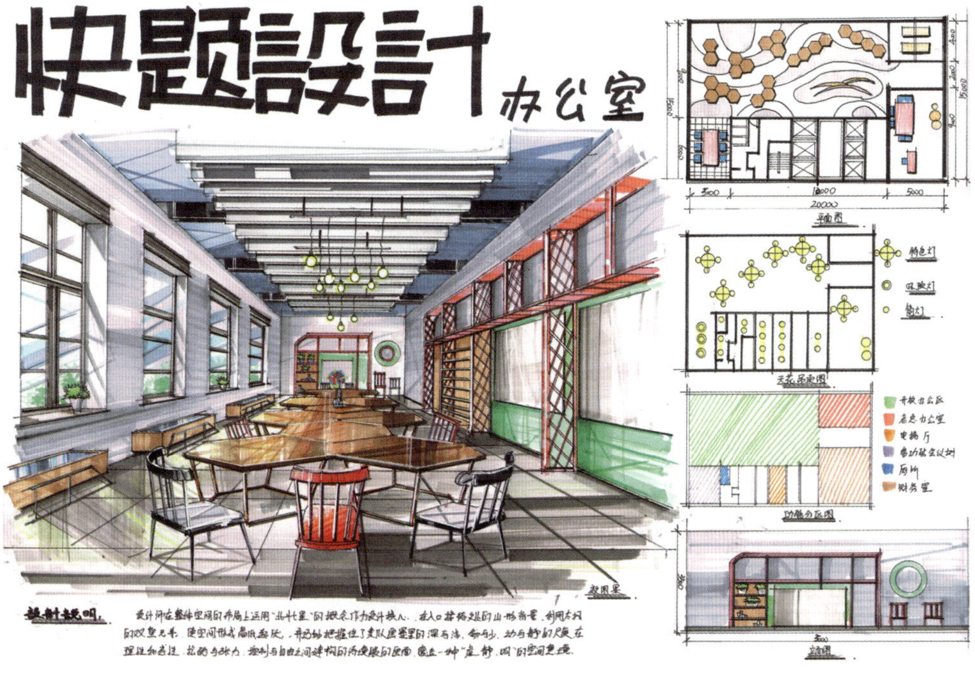

快题表现办公空间

第一节 标题文字书写

标题文字，是用于标明设计作品主题的短语，它能使读者迅速了解设计的主要内容和设计主旨，一般快题设计中的标题文字主要可分为主标题和副标题，在书写时要注意主副标题的协调性。

一、标题文字书写方法

标题文字是快题设计的重中之重，在书写时应注意以下几点。

1. 标题文字内容

标题文字内容不可词不达意，书写时应当言简意赅，表达出设计的主题，一般主标题文字内容用于说明设计概念，副标题的内容则用于具体解释主标题的内容，当然也可只使用主标题，一切依据绘图者的书写习惯而定。

2. 标题文字大小

标题文字要具有鲜明的特征，字号要适中，且主副标题之间的字号大小以及字体高低均要有所区别。

3. 标题文字书写要求

标题文字书写应当整齐，且需具备一定的美感和设计感，并能清晰可辨，一般可选用POP字体、黑体或其他艺术体等来书写标题文字。

4. 标题文字色彩

标题文字色彩应当醒目，但仍需与整体图稿色彩相协调。

5. 标题文字位置

一般快题设计中的标题文字多放置于整体图稿的左上角区域或右上角区域，也可依据图稿内容放置于右下角区域，但需注意图稿画面的平衡感（图4-1）。

图4-1（a）：采用较硬的铅笔起稿，采用简练的笔触绘制出文字框架，字体结构尽量饱满，不必追求字体与风格，端庄稳重即可。

（a）标题框架构建

图4-1（b）：采用马克笔宽头顺应框架结构着色，在笔画的起始段与结束端采用细头收拾整齐，部分较长的笔画可以描绘边缘，使其更加挺拔。

（b）标题框架基础着色

图4-1（c）：采用勾线笔强化边缘阴影，可以有选择地在文字中绘制装饰图案，甚至可用白色涂改液来增添高光，采用浅色平铺覆盖局部底色。

（c）标题框架二次色彩深化

图4-1 标题文字书写步骤

二、优秀标题文字解析

学会鉴赏他人优秀的作品同样是快题设计标题书写很重要的一步，这要求设计者具备比较好的自谦心态，并能从前辈们的作品中吸收好的书写技巧，融会贯通，运用到自己的设计中（图4-2、图4-3）。

图4-2　初步标题文字设计

图4-2：初步练习标题文字联系最关键的因素在于文字结构应当饱满，笔画能将整个框架撑满，表现出饱和感，这样就能对不同形体的文字造成均衡化的视觉效果，达到这个基本要求后，再考虑对文字进行必要的装饰，如勾勒投影、骨架；增添倒影、高光、底色；颜色分配、错开等。

局部笔触叠加能产生较强的体积感，前提是字体造型应当统一、端庄，叠加的比例也不能太大。

部分笔画或笔画之间的空白处，可以用深色填涂覆盖，形成断续的连笔效果。

文字底部增加深灰色，强调重心感。

对文字笔画末端进行适当变形，但幅度不宜过大。

搭配少量英文能起到良好的装饰作用。

较细的文字笔画可以适当加深，尤其是加深边框轮廓，形成较端庄的形体。

文字间的距离把控不宜过大，上限一般为文字宽度的20%。

较宽的笔画适用于字形结构较简单的文字，较宽的笔画中可以增添纹理来强化主题内容。

如果文字采用较方正的笔画，文字之间的距离应当收紧，这样整体感会更强。

如果文字采用较方正的笔画，文字之间的距离应当收紧，这样整体感会更强。

笔画间较小的空白可以通过局部填涂颜色来增强文字的体积感。

图4-3　深入标题文字设计

图4-3：深入练习标题文字设计可以进一步丰富字体样式，搭配多种装饰手法来提高视觉表意效果。

第二节　思维导图绘制

思维导图是一种简单却实用性比较强的思维工具，它也是利用中央关键词或中心设计思想，从而联想出其他形象化字词的一种图解模式，它能表达出设计所具备的发散性思维，一般快题设计中所用的思维导图有气泡图、过程图、导向图、关系图以及简表图。

一、思维导图概念

思维导图绘制要注重图文合并的技巧，在绘制时要标明各级主题的关系，并能使设计主题关键词与一定的图像、色彩等建立既定的记忆链接。

1. 思维导图的作用

思维导图能够帮助构建与设计相关的框架，能够表达设计重点，能够细化设计的节点，同时也能使快题图稿更具逻辑性。

2. 思维导图绘制注意事项

首先，思维导图绘制时应注意子主题必须围绕主要主题展开，图中所有内容必须简单、明了，语句或图像应能直接点明设计主题；其次，绘制思维导图时还需注意色彩的搭配，引线色彩和主要图像的色彩都应当相互搭配；最后，绘制思维导图时要明确思维框架的正确性以及合理性，并控制好其在图稿中所占的比例（图4-4）。

3. 思维导图绘制步骤

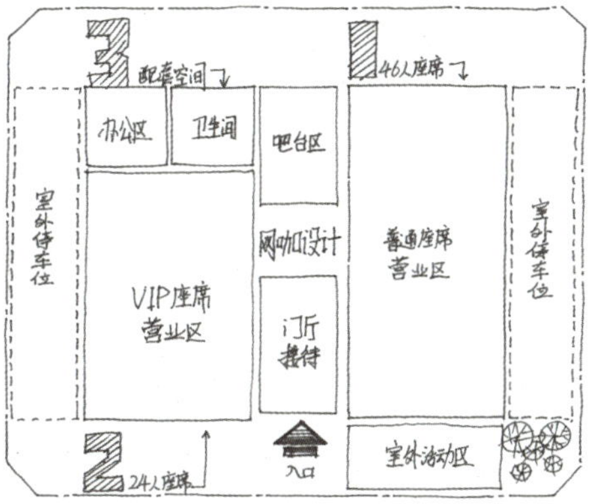

（a）步骤一

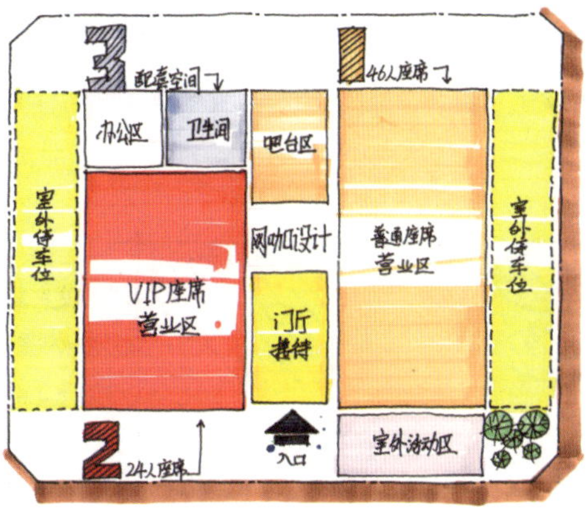

（b）步骤二

图4-4（a）：采用黑色绘制线框结构，并标注简要文字说明，对室内空间进行初步划分。

图4-4（b）：分区域着色，采用马克笔大面积铺装，适度保留文字信息所在的区域，为后期调整留有余地。

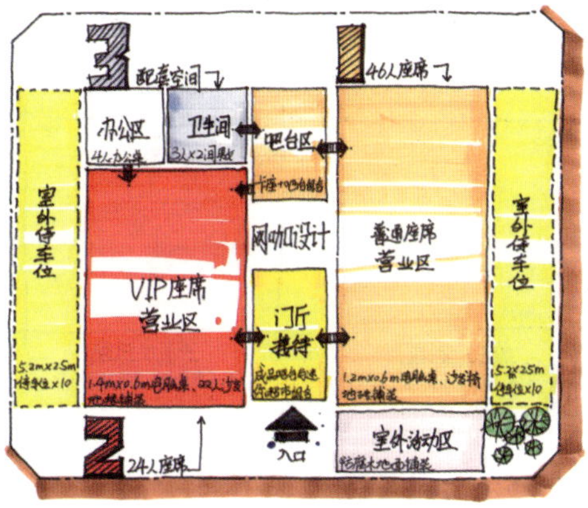

（c）步骤三

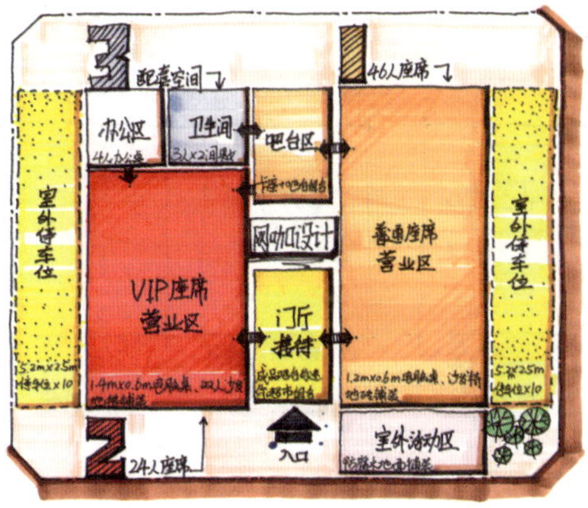

（d）步骤四

图4-4（c）：在图中标注详细文字，文字集中书写在区域下部具有稳重感，增添指示箭头，明确交通流线。

图4-4（d）：强化着色，对主要空间区域大面积覆盖并加深，采用斜线来强化区域色彩，对各区域进行强化描边处理。

图4-4　思维导图绘制步骤

二、气泡图

气泡图是以气泡形状为主绘制展示设计信息的图，以它为主的图形式多种多样，可以是散状气泡，可以与坐标系结合，还可以在它们之间用各种连接线呈现关系。

气泡图主要可用于表现设计布局的特点，同时也可对设计中的内容进行具象化分析，如种植分析图、交通分析图及功能分析图等（图4-5）。

气泡的位置关系应当精准，是创意设计的灵魂。

根据内容确定是否需要着色，如果表现道路、风向等信息，可以不用对气泡着色。

可以穿插植物图样与名称在其中，让整体构图更完整。

多种形体的气泡应当用不同颜色来区分，其中可以填涂斜线来替代着色。

线条简洁自由，甚至不用尺，快速完成绘制。

在同一组气泡图中，不一定要将气泡的形态统一，但色彩基调应当近似。

图4-5　气泡图

图4-5：气泡图设计与绘制基本没有难度，这也是绝大多数快题考试中的主流创意图，但是这种图所占据的幅面不要太大，否则会显得粗糙。

三、过程图

过程图主要以特定的符号或图像来表现设计灵感或设计内容的转变过程，绘制时需要明确设计内容的具体变化形式，并能以比较形象、生动的手法将设计特点展示在二维平面图纸上（图4-6）。

四、交通流线图

交通流线图能为设计提供一定的引导作用，它主要是利用引线及符号来表现设计特征，如交通流线图、员工流线图等，绘制时要保证导向引线的有序性和正确性（图4-7）。

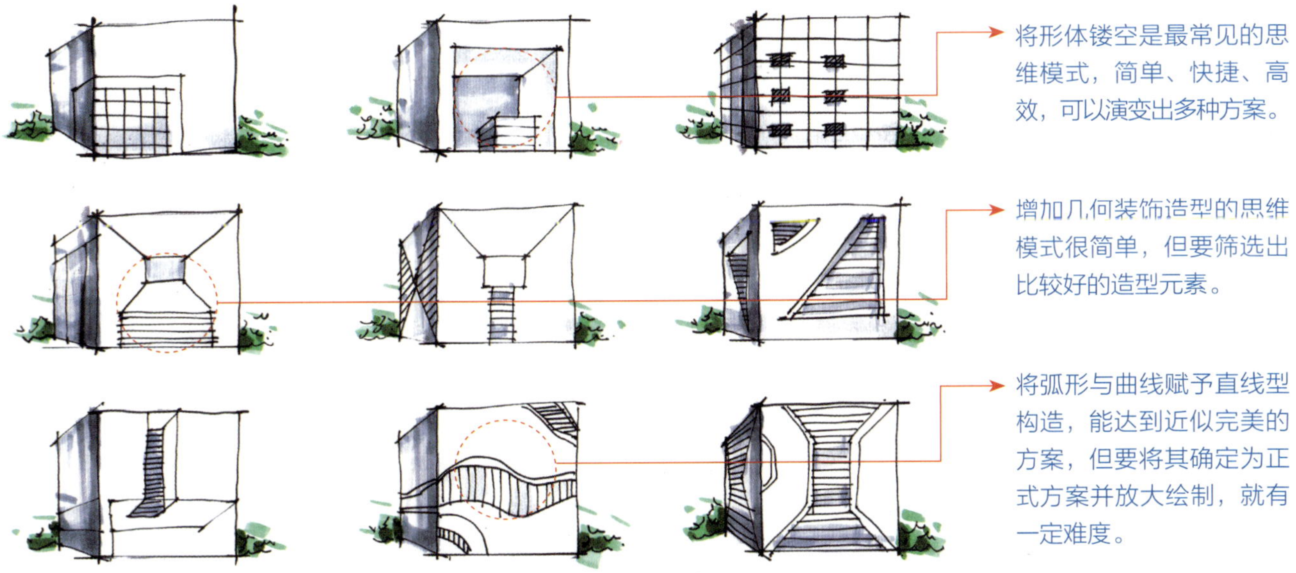

图4-6　过程图

图4-6：将设计思维过程呈现出来，是深度反应创意设计的良好表现方式，能从中找到更合适的创意方案，不要为了获得创意过程而反向设计，将正向思维进行拓展就能得到更多设计方案，雷同、类似的方案均可呈现在图纸上。

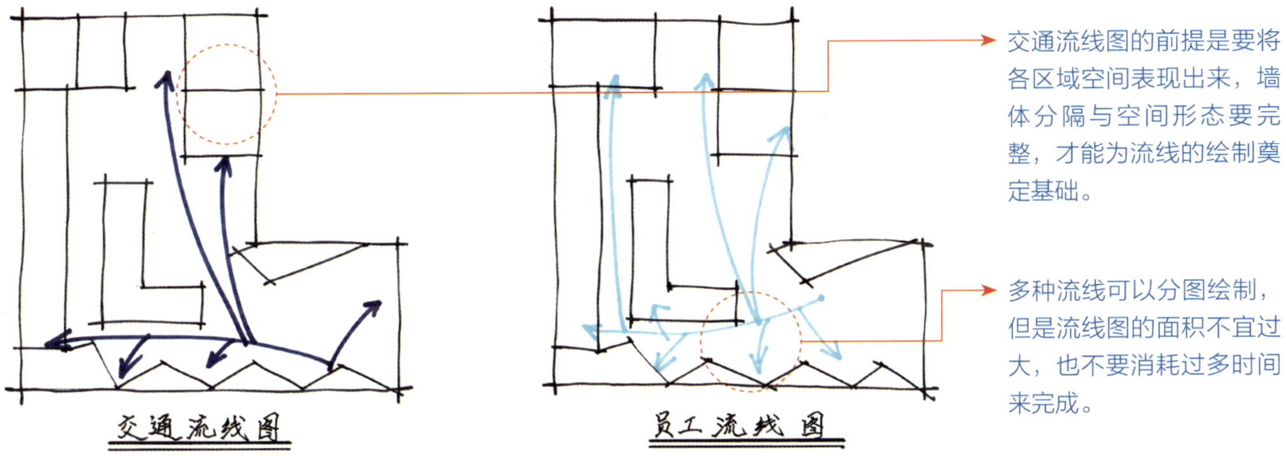

图4-7　交通流线图

图4-7：交通流线图中的箭头尽量简洁，也可以在同一张图中表现出多种箭头，但要区分色彩。

五、关系图

关系图主要是利用文字和引线结合的方式来重点突出设计中各元素之间的关系，它能比较直观地表现出设计元素之间的层级关系，绘制时注意不可混乱各设计元素之间的逻辑关系（图4-8）。

六、简表图

简表图主要是通过图例和文字相结合的方式来阐明设计中所应用材料的特征，在简表图中一般会标明材料的规格、图例以及应用范围等信息，绘制简表图时要保证图例和规格符合设计要求（图4-9）。

图4-8：关系图是最标准的思维导图，但由于考试时间比较紧张，可以采用最精简的方式来表现，甚至可以采用图表的形式来绘制。不同主题文字底框可以选用不同色彩，但要对色彩进行分类，并形成一定对比。

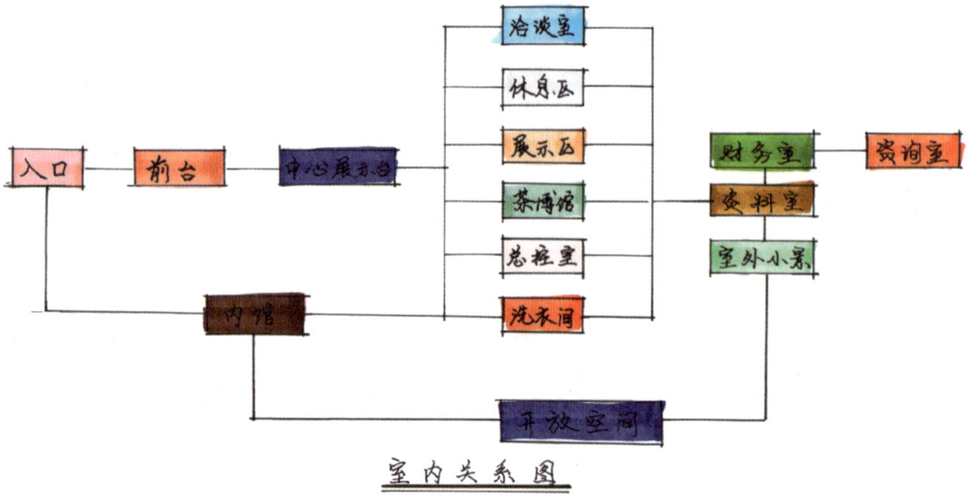

图4-8　关系图

简表图中的设计表现元素不一定要通过表格的形式来绘制，只要将图示相互对齐并精细绘制即可。

图与文的穿插可以更加灵活，不用纵、横线来绘制表格会显得图面更严谨。

图4-9　简表图

第三节　设计说明编写

设计说明是以文字的形式来具体阐明设计的内容、目的、要求以及内涵等信息，在书写设计说明时不仅字迹要清晰，同时书写内容也需立意明确。

一、设计说明的概念

设计说明是对设计的一种概括，它的形式和内容要符合设计主题，且应当具备一定的客观性，文字内容不可过于拖沓，也不可过于简单。在书写设计说明之前要明确整个设计项目的规划过程和规划目的，书写时要选用合适比例的字体，文字的位置也应当符合整幅快题图稿的版面要求，且书写字数最好控制在200～300字，一般设计说明应包含形体创意、色彩材质、使用功能、适用群体以及未来发展等几项内容（图4-10）。

图4-10　快题设计景区景观

图4-10:

设计说明:

1. 形体创意：本设计方案为傍水而居的住宅区景观设计，整个设计采用了极具现代气息的几何造型来塑造景观和建筑的形体，设计中巧妙地将几何造型和自然生态曲线结合在一起，并使其形成鲜明的对比，从而达到激发居住区生态活力的目的。

2. 色彩材质：本设计中的主体建筑外墙装饰主要选用了米色的外墙岩片漆，这很好地显现了建筑的复古气息，此外，设计中的公共景观桥梁与驳岸则采用了清水混凝土装饰，并对其表面进行了磨光处理，视觉效果很好。

3. 使用功能：该居住建筑环绕在水景周边，设计中的主要景观设计布置在桥梁两端，不仅能够形成隔岸呼应的视觉效果，同时游览者也能快速行进，进入不同景点参观浏览。

4. 适用群体：本设计项目绿地开阔，容积率比较低，很适合建设远离闹市喧嚣的郊区居住地产项目，适用于度假、养老群体。

5. 未来发展：未来低密度住宅宜居地产项目将会是我国房地产开发的主流，同时这种设计项目也会是投资者、使用者的首选。

二、设计说明修改对比

通过不同形式设计说明的对比，可以清晰认知哪种设计说明形式更能显现设计项目的魅力（图4-11～图4-13）。

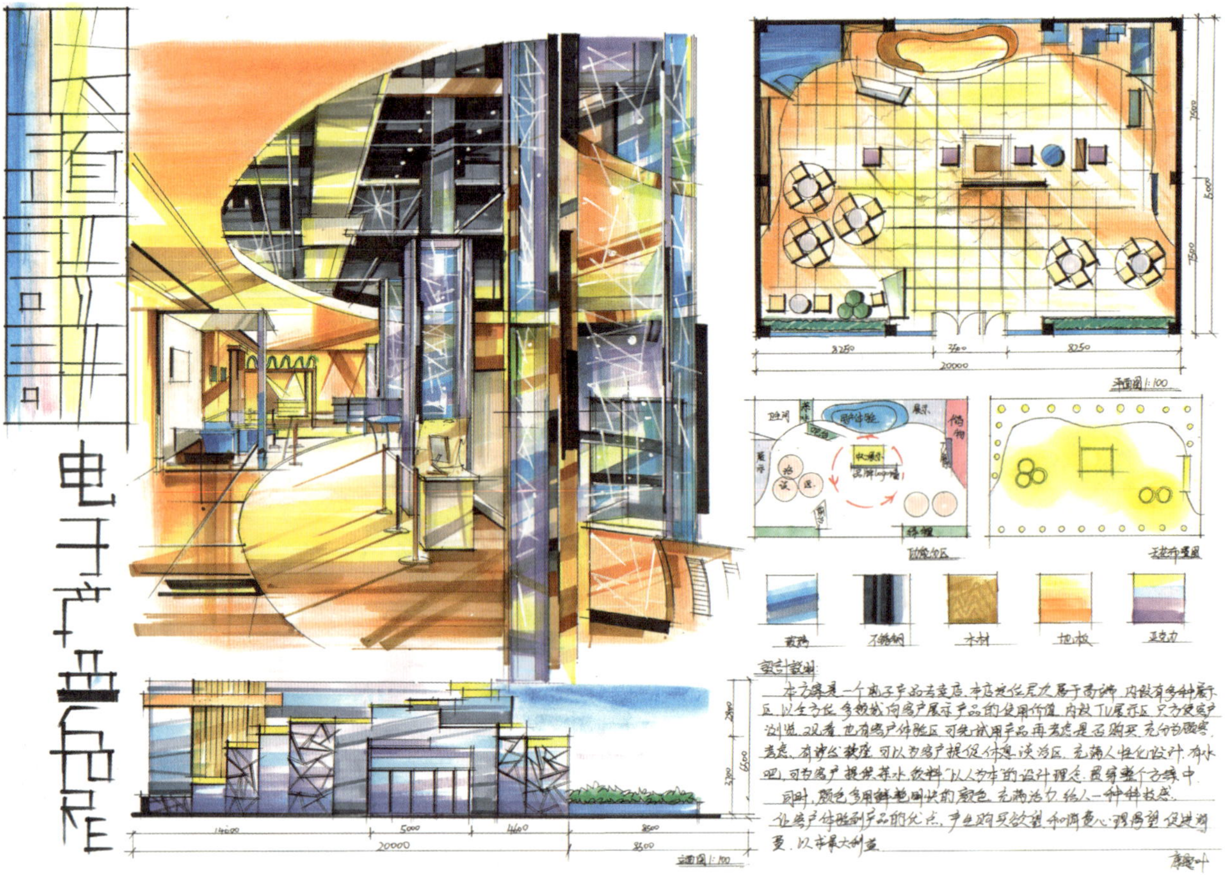

图4-11　快题设计电子产品专卖店（康题叶）

图4-11：

原设计说明：

本方案是一个电子产品专卖店，本店定位层次属于高端，内设有多种展示区，以全方位多领域向客户展示产品的使用价值，内设TV展示区，方便客户浏览、观看；也有客户体验区，可先试用产品再考虑是否购买，充分为顾客考虑；有沙发软座，可以为客户提供休息洽谈区，充满人性化设计；有水吧，可为客户提供茶水、饮料。"以人为本"的设计理念贯穿整个方案。

同时，专卖店多用鲜艳明快的颜色，充满活力，给人一种科技感，让客户体验到产品的优点，产生购买欲望和消费心理渴望，促进消费，以求利益最大化。

新设计说明：

本电子专卖店的整体设计选用了弧形以及圆柱形等来塑造建筑内部的结构形体，店内不同的结构交叉稳定，且所选用的材料也极具现代气息，色彩以橙色、暖黄色为主，并穿插有蓝色和紫色，这些鲜艳、明快的色彩可以很好地表现出电子专卖店的科技感。

此外，本电子专卖店内不仅设置了多种展示区，还有充满人性化设计的水吧和休闲洽谈区，其中的TV展示区专用于客户观看和浏览，客户体验区则专用于客户试用产品等，这些展示区能够全方位、多领域向客户展示产品的使用价值。本电子专卖店适用于高端层次的用户，在未来，将会有更多高科技展区，店内布局也会更具时尚感。

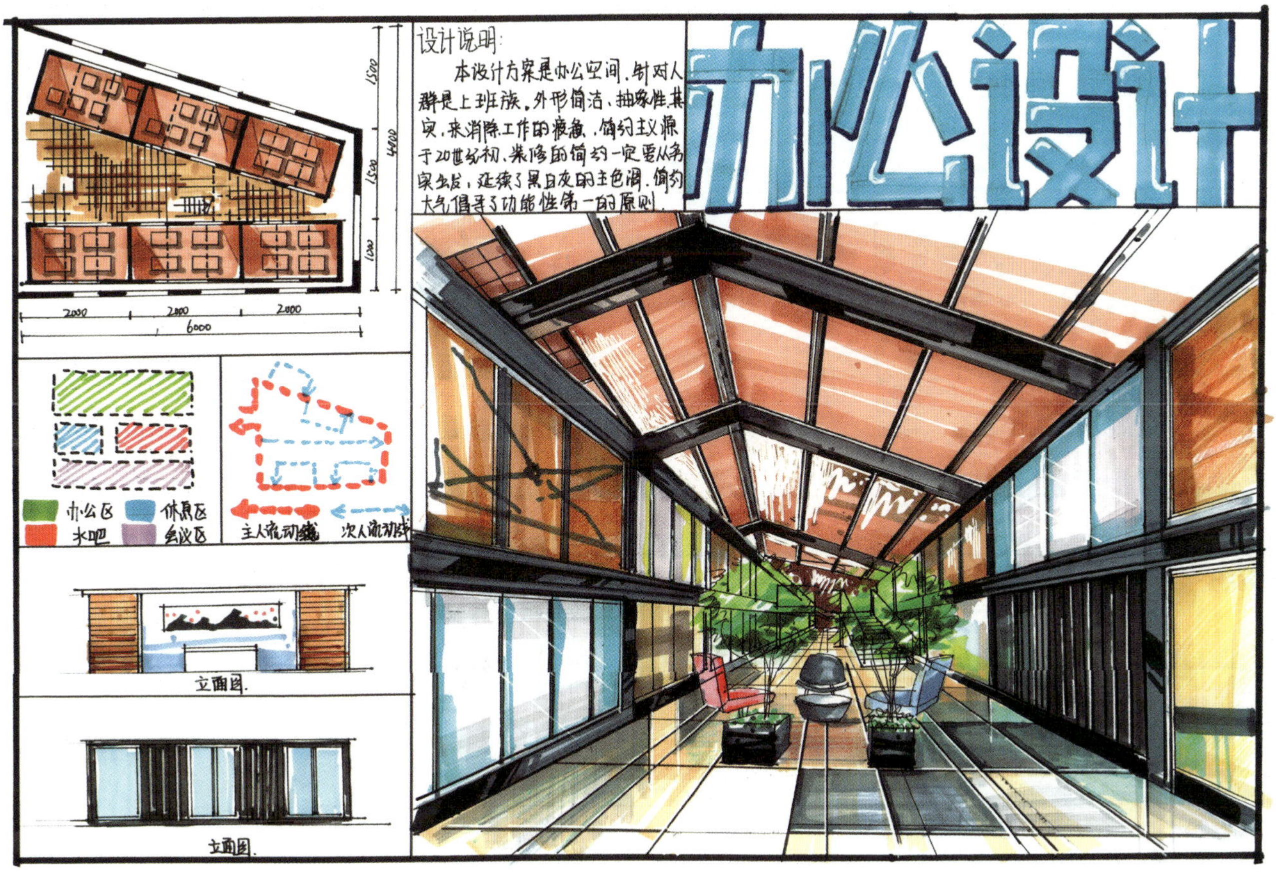

图4-12　快题设计办公设计（赵银洁）

图4-12：

原设计说明：

本设计方案是办公空间，针对人群是上班族，其外形简洁，具有抽象性，真实，有助于消除工作的疲惫。简约主义源于20世纪初，装修的简约一定要从务实出发，延续了黑、白、灰的主色调，简约大气，倡导了功能性第一的原则。

新设计说明：

1. 形体创意：本办公空间的整体设计遵循了简约主义的设计原则，所设计的内容具有一定的务实性，办公空间的顶部造型简单又富有创意，能够很好地表现出办公空间的现代感。

2. 色彩材质：本办公空间主打色调为黑、白、灰，既简约又大气，地面选用了色彩明艳但不刺眼的大理石瓷砖装饰，两边墙面均设置有大面积的玻璃窗，空间内通风和光照条件十分不错。

3. 使用功能：该办公空间内部分区明确，包括办公区、休息区、会议区以及水吧等功能区域，空间内家具和绿植布局合理，行走通道也十分通畅。

4. 适用群体：本办公空间设计外形简洁、真实，且具有一定的真实性，空间内色彩和布局等有助于消除人们工作时的疲惫，适用于上班族。

5. 未来发展：未来的办公空间会更具舒适性，对空间内部布局以及色彩搭配的要求也会更高，同时还会更加注重人们在精神领域的需求。

图4-13　快题设计园林景观设计（赵银洁）

图4-13：

原设计说明：

本项目的定位为建立一个供人学习、休憩，玩耍兼具教育的公园，东西两侧由树木围合而成，公园东侧为主入口，贯穿整个公园，运用了许多自然景观要素，如大小山丘，古树名木，这些是为了创造高质量的园林景观环境，并结合风水使其形成完整和谐的景观体系及有序的空间形态，给人美好的游园体验。

新设计说明：

1. 形体创意：本设计方案为山清水秀的公园景观设计，整个设计东西两侧均由树木围合而成，公园东侧为主要的入口，该入口贯穿了整个公园，同时整个公园中还运用了大小山丘、古树及名木等自然景观要素，并结合风水设计使整个公园形成一个完整、和谐的景观体系，能够很好地营造出一个有序的空间形态。

2. 色彩材质：本设计中的绿植排列有序，园区内的景观构筑物造型简单，富有现代气息，色彩鲜亮、明快，彼此自成一体，且周边环境色彩与景观构筑物色彩也能相互融合。

3. 使用功能：该公园能够为公众提供一个学习、休憩、游玩、观赏、娱乐以及教育的场所，公园内的水景、建筑小品都能给予公众美的享受。

4. 适用群体：本公园绿地开阔，环境舒适，很适合度假、养老的群体，也可作为亲子活动或周末休闲活动的场所。

5. 未来发展：未来公园的设计将更注重人性化的体现，公园内部绿化也会更科学化。

本章小结

文字书写与思维导图是快题设计的重要组成部分，字体图形化和字体语言化的设计被用来承载语言、记录思想和交流传递思想。本章节讲解了快题设计中标题文字、思维导图及设计说明书写的内容详解，明确设计方案中文字书写的重要性，增强了平面设计的视觉效果，并赋予了版面一定的设计审美价值。

课后练习

1. 标题文字书写技巧有哪些?
2. 简述思维导图的表现手法。
3. 列举标题创新的方向。
4. 怎样写好设计说明?
5. 在快题设计练习中添加文字标题、思维导图、设计说明。

第五章

快题效果图绘制步骤

学习难度： ★★★★☆

重点概念： 绘制步骤、作品赏析

章节导读：

本章将快题设计中的单幅效果图分五个步骤，由浅入深讲解不同空间手绘效果图的表现步骤，并标注出绘制的细节，通过讲解每一步的运笔技巧以及整体的色彩搭配等，来深入探讨不同空间手绘效果图的精髓。此外，本章还会通过介绍优秀的空间手绘效果图，从而归纳出单幅效果图表现的技法要点，这也能为读者提供手绘经验，并指导读者进行设计创作。

教案课件
请扫码阅读

餐饮空间单幅效果图（汪建成）

第一节 住宅客厅效果图绘制步骤

住宅客厅效果图绘制步骤

有逻辑、有条理地进行单幅效果图的绘制才能更清晰地在二维图纸上展示出三维空间的设计特色，这要求绘图者必须具备良好的观察能力和耐心。

住宅客厅效果图绘制时要明确墙面的主次关系，以及与地面的投影关系等，并注意掌握好顶面着色技巧，避免出现着色过多、过脏的现象（图5-1）。

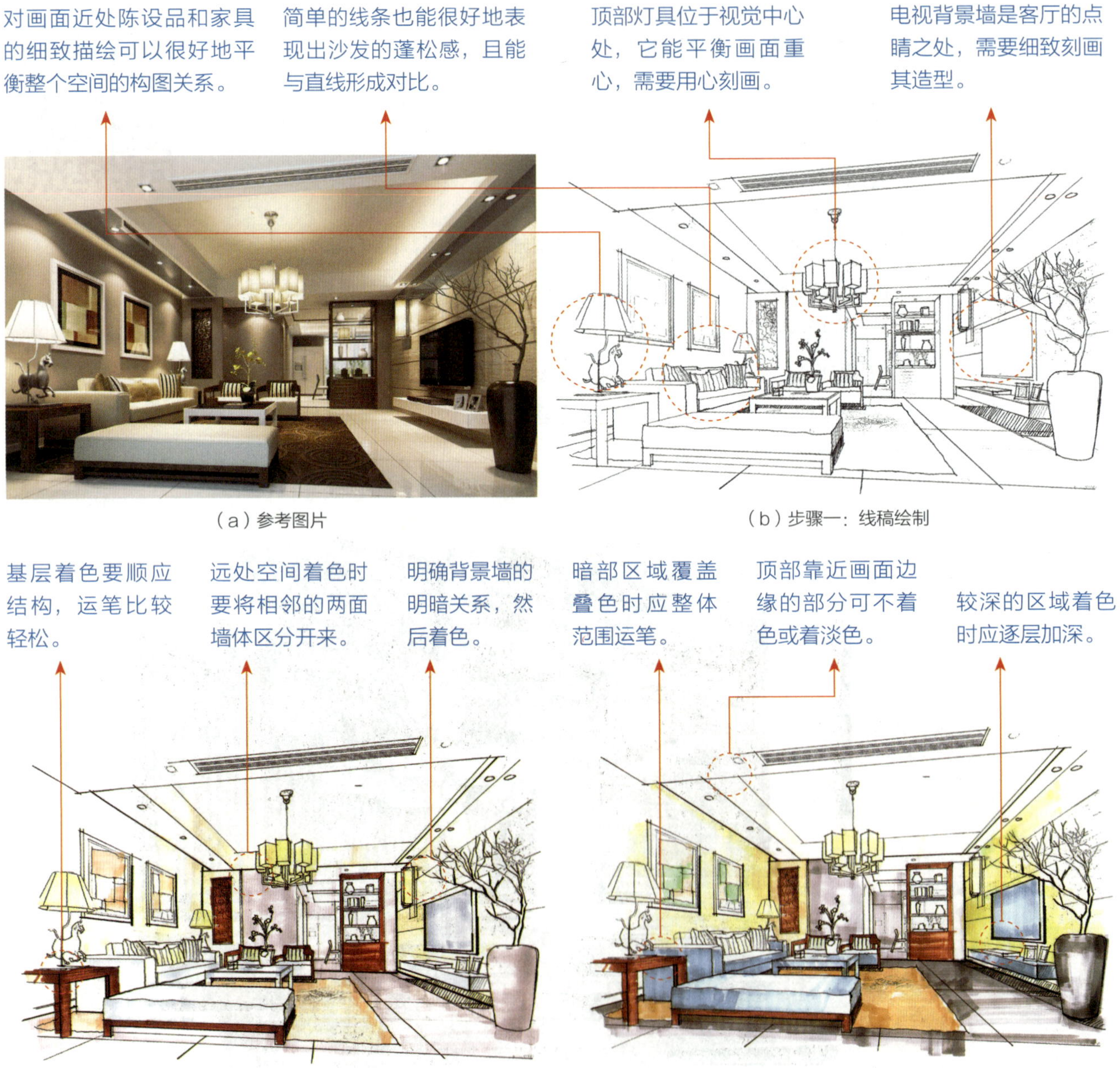

（a）参考图片 （b）步骤一：线稿绘制

（c）步骤二：基础着色 （d）步骤三：叠加着色

图5-1 住宅客厅效果图（程子莹）

绘制时可依据吊顶的造型和结构区分出吊顶的凸出部分和内凹部分，并逐步加深着色。

为了强化画面的视觉效果，还应将远处空间内家具的体积关系细致地表现出来。

对细节的重点刻画能够使画面更生动，近处沙发侧面可使用叠加笔触来表现丰富的明暗关系。

（e）步骤四：深入刻画细节

绘制时应顺应墙体的透视结构。

绘制要逐步加深吊灯的色彩，并注意点白。

用彩铅排列线条，以达到丰富画面笔触的目的。

注意加深电视背景墙处家具底部的投影，并绘制好明暗交界线。

（f）步骤五：强化并对比

图5-1 住宅客厅效果图（程子莹）（续）

图5-1：住宅客厅效果图的绘制重在表现多个界面的主次关系，绘制时要强调家具的细节。首先，应当依据参考图片绘制出住宅客厅的线稿图，线稿中对主体对象的描绘应尽量丰富；然后可开始着色，需快速确定好画面中色彩的种类及位置，一般深色的地面与阴影结合能很好地衬托出色彩较浅的沙发；接着可对沙发和电视背景墙深入着色，注意墙面的色彩浓度与笔触不可超过家具，这样会使画面失衡；最后对住宅空间内的局部投影进行强化，可用涂改液对电视与灯具作点白处理，这样画面的视觉效果会更好。

第二节　办公空间效果图绘制步骤

办公空间效果图
绘制步骤

绘制办公空间要区分好墙面和地面，避免重复着色，必要时可选用比较单调的色彩来绘制面积比较大的区域，这样能加快绘制进度，对绘制效果也不会有太大影响，但绘制大面积区域时仍需注意着色的层次和笔触（图5-2）。

办公空间的顶部造型一般比较简单，这能营造一个舒适的办公氛围，注意绘制不可过于复杂。

直线型家具建议用尺辅助绘制，它能很好地衡量空间透视的准确度。

近处家具的造型应细致绘制，一般可用自由的曲线来表现曲面造型。

墙面装饰中的纹理应当重点绘制，这是绘制的点睛之笔。

（a）参考图片

（b）步骤一：线稿绘制

墙面色彩要与顶面色彩有所区分，这样空间形态才会更立体。

所绘制的墙面应当有深色墙面和浅色墙面，这符合两点透视原理，注意应从墙角开始由深入浅着色。

地面着色时应注意运笔的方向，应当顺应透视的方向，且在靠近画面边缘末端时运笔更要整齐。

对装饰造型部分进行有序叠加着色，能够丰富画面层次，同时也能强化画面的视觉效果。

墙面与墙面、墙面与顶面之间进行叠加着色时要注重色彩的选择，并应当强化两个界面之间的对比。

对地面进行有序叠加着色同样可以丰富画面的层次感。

（c）步骤二：基础着色

（d）步骤三：叠加着色

图5-2　办公空间效果图（程子莹）

顶面色彩不需要太深，按照由远及近少量绘制便可。

明确座椅的受光面，此处受光面为座椅的靠背面，绘制时要重点刻画沙发椅的过渡界面并控制好暗部的色彩浓度。

台柜装饰画周边作加深处理，能够很好地显现装饰画。

此处工作桌绘制时运笔应当紧贴桌面边缘，并从下至上慢慢加深色彩，运笔要求自然。

（e）步骤四：深入刻画细节

此处可运用涂改液和深蓝色将窗户反光折射的高光与反光效果形象的绘制出来。

台灯的绘制可选用深色来衬托浅色，这样台灯形象会更立体。

间隔的柜体之间可用彩色铅笔进行覆盖，这样在色彩和笔触上也能有所区分。

绘制地面时应当强调家具在地面形成的阴影，并善用笔触来提高画面色彩的对比度。

（f）步骤五：强化并对比

图5-2　办公空间效果图（程子莹）（续）

图5-2：办公空间效果图的绘制要求能够将复杂的两点透视简单化。首先，应依据参考图片绘制出办公空间的线稿，线稿中要对主体对象、远近家具等进行细致刻画；然后开始着色，注意墙面、地面的色彩要有所区分，并能与家具的色彩相搭配；接着可逐步绘制家具细节与陈设品，可利用深色来衬托浅色；最后强化画面效果，可通过短横笔和点笔来丰富画面的内容，注意对地面阴影的深化，可利用彩色铅笔排列线条来统一画面的最终效果。

酒店大堂效果图
绘制步骤

第三节 酒店大堂效果图绘制步骤

绘制时要注重主要墙面造型及色彩等的塑造，同时绘制也需遵守空间透视的原理，必要时可利用深色来衬托浅色，也可利用浅色来映衬深色（图5-3）。

绘制时要注重灯具形态的塑造，并处理好与弧形建筑形态之间的呼应关系。

画面中心处的装饰画绘制时应当主次分明，这样方便着色。

地面绘制要符合透视原理，并注意表现出空间的纵深感。

绘制时要保持线条的方向性，弧线可用慢线绘制，注意主要结构绘制时需加粗。

纵向垂直的结构需要辅助直尺来绘制，这样能展示出酒店大堂的恢宏与大气。

（a）参考图片

（b）步骤一：线稿绘制

绘制时要区分好吊顶的色彩关系，要突显吊顶的层级关系，这里可选用浓度和明度不同的黄色来进行绘制。

绘制主体造型时运笔可比较随意，但所绘制的线条必须在规定的界限内，这样整体画面才会比较整洁。

酒店大堂二层底部结构在着色时应当注重色彩的统一性，运笔也应具备一定的有序性。

（c）步骤二：基础着色

图5-3 酒店大堂效果图（程子莹）

为了加深吊顶的立体感，在绘制时还需逐步加深吊顶的色彩，注意叠加色彩的匹配性。

此处叠加着色能够衬托酒店大堂内墙面造型处的灯光着色范围，这也能增强画面的和谐感。

绘制侧光面时要注意明暗过渡的细节变化，并从色彩上加以改变。

（d）步骤三：叠加着色

绘制时可利用深色来强化吊顶的边框，这样能拉开顶部界面的层次。

酒店大堂二层底部结构第二次着色时需逐步加深，注意与立柱区分开来。

为了丰富图面效果，还可运用点笔和挑笔等运笔方式来深入刻画图稿中的细节部位。

远近不同的地面在绘制时所选择的色彩深浅度也应当有所不同。

（e）步骤四：深入刻画细节

吊灯的光斑可通过留白或以涂改液涂画表现出来。

深浅色可以形成鲜明对比，这里用深色可以很好地衬托灯光的光斑。

界面交接处应从下往上逐步加深层次，并逐层减淡色彩浓度，注意所用笔触的统一性。

此处运用点笔可以达到强化墙面层次的目的，绘制时要控制好点笔的运笔力度。

（f）步骤五：强化并对比

图5-3　酒店大堂效果图（程子莹）（续）

图5-3：酒店大堂效果图绘制的重点在于要表现出结构或造型比较复杂的背景墙的设计特色，同时还需表现出空间的纵深感。首先，应依据参考图片绘制出酒店大堂的线稿，线稿绘制要求精准表现出主体对象中背景墙的造型特色；然后开始着色，所选择的颜色不可过于复杂，既要丰富又不能相互矛盾，要能够比较准确的确定主要墙面及地面等所选用的色块的分布位置和色彩浓度；接着需要深入刻画主体对象中背景墙的设计细节，并能对左右两侧的墙面与构造的投影进行简单绘制；最后再次细致刻画背景墙上的体块，并注意处理好深色外围墙面与中央浮雕墙面之间的衬托关系以及背景墙从下向上逐渐变浅的色彩关系等。

第四节　博物馆室内效果图绘制步骤

博物馆属于展示陈列空间，绘制时需要细致刻画展区内各项物体的造型特色，明确空间内物体远近虚实的变化，并能选择一个比较好的取景角度（图5-4）。

博物馆室内效果图绘制步骤

斜线条的有序叠加能够强化暗部效果，这能很好地表现阴影面。

拉开明暗对比能够强化博物馆立面结构的轮廓。

粗线条可以强调博物馆立面主体结构着色的重要性。

重复线条形成的深色可用来强化地面的阴影。

墙面填涂时要注意展品周边墙面色彩的统一性和完整性，一般运笔比较自由。

吊顶着色时运笔应当更简练、挺括，这样也能突显吊顶设计的特点。

地面色彩的选择要与博物馆主体色彩相匹配，在室内灯光照射下地面色彩多以黄色为主。

（a）参考图片

（b）步骤一：线稿绘制

（c）步骤二：基础着色

图5-4　博物馆内部效果图（程子莹）

墙面装饰画着色时应当分区域绘制，这样层次感会比较强。

可叠加多种暖灰色，作为墙面底色。

外深内浅的色彩结构能够很好地突显中央展柜的造型特色。

利用深色可以很好地强化博物馆内展台暗部的色彩。

（d）步骤三：叠加着色

色彩深浅度的变化可以很好地表现出墙面凹凸造型的变化，此处在墙面凸出部位下部增加深色，能有效过渡墙面的转折结构。

用浅色绘制展柜表面色彩，并突显玻璃展柜的材质特点。

同样可用深色来深化家具在地面上形成的阴影。

（e）步骤四：深入刻画细节

可通过涂改液来提亮灯具周边的色彩，这种方式既能表现出灯具光斑的特点，同时也能强化高光。

可运用点笔或挑笔的方式来丰富整幅图面的视觉效果。

用彩铅排列线条，以达到强化暗部的目的。

（f）步骤五：强化并对比

图5-4　博物馆内部效果图（程子莹）（续）

图5-4：博物馆内部效果图的绘制重点在于详细刻画博物馆墙面的展示造型。首先，应当依据参考图片绘制出该部分展区的线稿，注意墙面形体与透视的准确性，并强化投影；着色之前要确定好主体颜色与阴影颜色，并利用叠色的方式来有序加深暗部与阴影色彩；在顺应博物馆展区内部空间形体结构的前提条件下，逐步深入墙面背景色彩；最后增添高光或点白，并利用彩色铅笔绘制排列有序的线条，以达到统一画面关系的目的。

水体景观效果图
绘制步骤

第五节　水体景观效果图绘制步骤

绘制水体景观要注重水体反光与高光等的细节刻画，要合理运用色彩，并明确深色与浅色间的衬托关系，以便获取更具视觉美感的水体景观效果图（图5-5）。

远处的建筑需使用直尺辅助绘制，这不仅能显现建筑的挺拔感，同时也能平衡整体构图。

可用笔触较粗的绘图笔来绘制台檐底部与水面的交界线。

（a）参考图片

此处景观构造的主要支撑构件可使用直尺辅助绘制，但张拉膜结构则需使用曲线尺辅助绘制。

结构稍显复杂的台檐结构应选用双线或三线绘制，这样所构成的造型才更具稳定性。

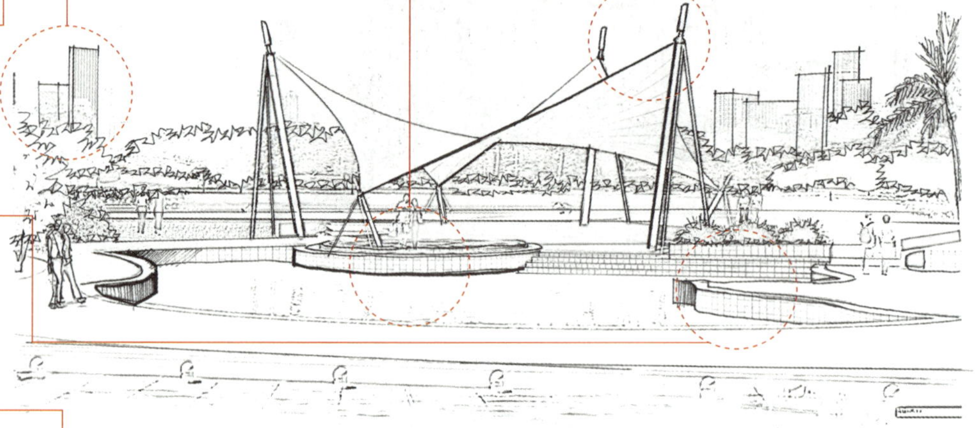

（b）步骤一：线稿绘制

远离视觉中心的建筑选用浅色调，一般平涂即可。

位于画面中间部位的绿化区选择浅绿色平涂，这种形式比较符合着色需要。

此处地面和台阶位于画面的中景区，绘制时选用浅灰暖色调平涂即可。

水面同样选择浅蓝色平涂即可，这样画面的整体色彩也会比较均衡。

（c）步骤二：基础着色

图5-5　水体景观效果图（程子莹）

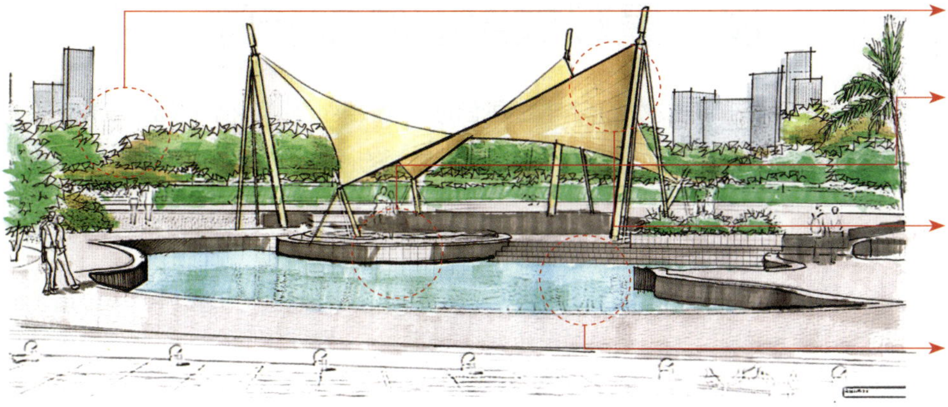

（d）步骤三：叠加着色

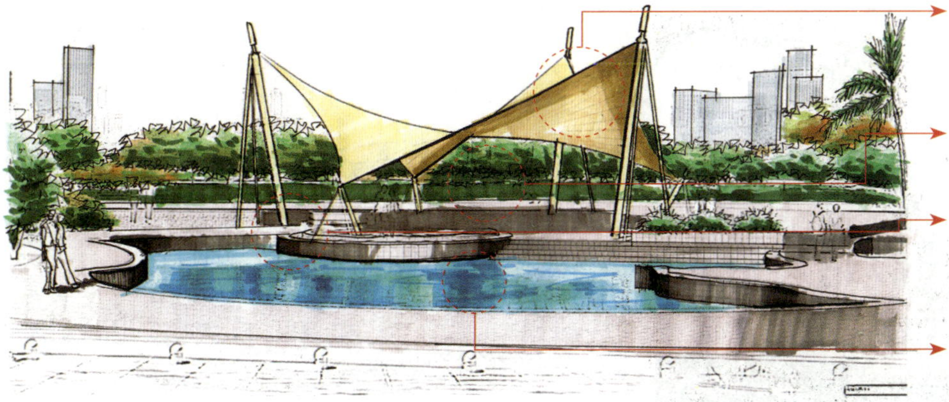

（e）步骤四：深入刻画细节

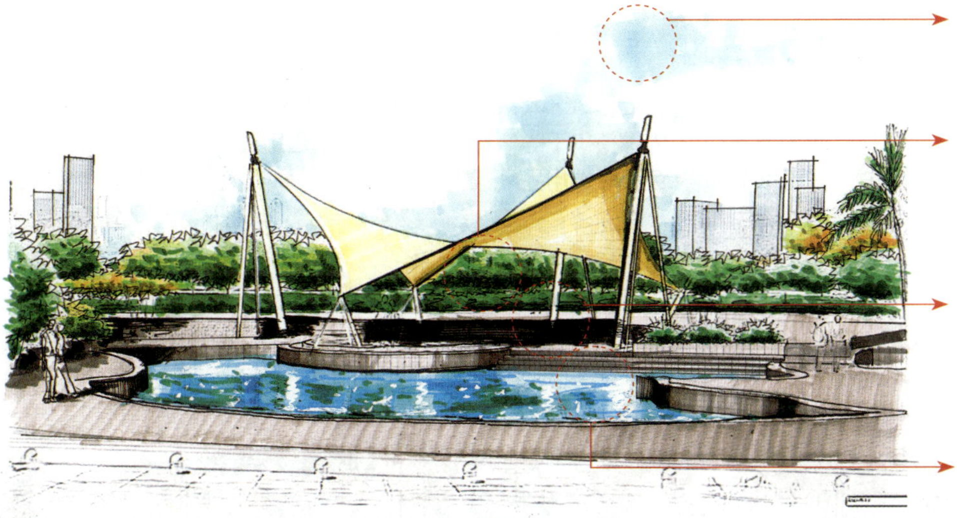

（f）步骤五：强化并对比

图5-5　水体景观效果图（程子莹）（续）

图5-5：水体景观效果图所要表现的对象构造相对比较简单，绘制重点在于景观构造的细节刻画以及水面倒影的深入刻画。首先，应当依据参考图片绘制出水体景观的线稿，线稿中应当尽量表现主体对象的特点；着色时注意画面中大块色彩定位的准确性，在绘制时可利用深色的湿地来衬托较浅的地砖与基座；对周边环境着色时，一般周边环境的色彩浓度与笔触不可超过主题对象的色彩浓度和笔触；最后运用涂改液将水流与倒影进行点白处理，并对画面中的局部深色进行进一步加深处理。

建筑景观效果图绘制步骤

第六节　建筑景观效果图绘制步骤

绘制建筑景观要分清主次，为了丰富画面的视觉效果，可重点绘制几处细节，绘制时还需重点表现出地面的层次感以及地面与天空之间的衬托关系等（图5-6）。

可选用笔触较细的绘图笔绘制处于画面边角区域的树梢，注意下笔力度要轻。

建筑主体结构以及建筑的细节区域可使用直尺辅助绘制，这样建筑的形态会更具挺括感。

此处绿植粗细不同的形态可选用不同粗细的笔触来绘制。

绘制画面近景区域内的灌木时要注重阴暗面的表现，可垂直绘制比较密集的线条，这样能强化灌木的明暗关系。

（a）参考图片

（b）步骤一：线稿绘制

中景区域内的绿植色彩可选用有别于画面边缘处绿植的另一种绿色。

远景区域内的建筑着色时可选用冷灰色与浅米黄色相结合的色彩。

地面绿化着色可选用草绿色，这种色彩能给人一种清新的感觉。

此处绿植着色可选用浅绿色覆盖，注意细节部位的着色。

此处近景区域内绿植树干的色彩可选用另一种棕色。

远景区域内的建筑暗部着色可选用棕黄色覆盖。

中景区域内的绿植着色时可选用黄棕色来表现绿植的暗部区域。

处于画面边缘地带的绿植着色时可选用棕红色覆盖。

（c）步骤二：基础着色

（d）步骤三：叠加着色

图5-6　建筑景观效果图（程子莹）

（e）步骤四：深入刻画细节

（f）步骤五：强化并对比

图5-6　建筑景观效果图（程子莹）（续）

图5-6：建筑景观效果图绘制的重点在于如何展示建筑的纵深感。首先，应依据参考图片绘制出建筑景观的线稿，在线稿中要精确绘制出建筑的轮廓，绘制要符合透视原理，且建筑周边的绿地也应细致绘制；着色时应分清主次，确定好建筑的主体颜色与阴影颜色，并逐步加深建筑暗部与阴影色彩；接着，按照顺序逐一绘制地面场景及远处的绿地，所绘制的场景需逐层加深，且加深后的远处绿地要能够衬托出建筑的形态特征；最后，要把握好近处场景与远处场景之间的虚实关系，可选用彩铅来绘制排列有序的线条，这些线条要求能够很好地突显现建筑表面的质地。

第七节 住宅屋顶景观效果图绘制步骤

绘制住宅屋顶景观要分清主次，要避免喧宾夺主，画面的虚实变化也应当绘制准确（图5-7）。

住宅屋顶景观
效果图绘制步骤

（a）参考图片

处于画面边缘地带的树梢可选用曲线和直线来绘制，绘制重在暗部的表现。

此处遮阳伞的轮廓可使用直尺辅助绘制，绘制时要表现出伞体的形态。

家具处于画面的中心地带，在绘制时一定要遵守透视原则。

地面铺装材料的绘制要符合透视原理，同时还要能表现出画面的重量感和体积感，注意画面远处绘制的横线不必过于密集。

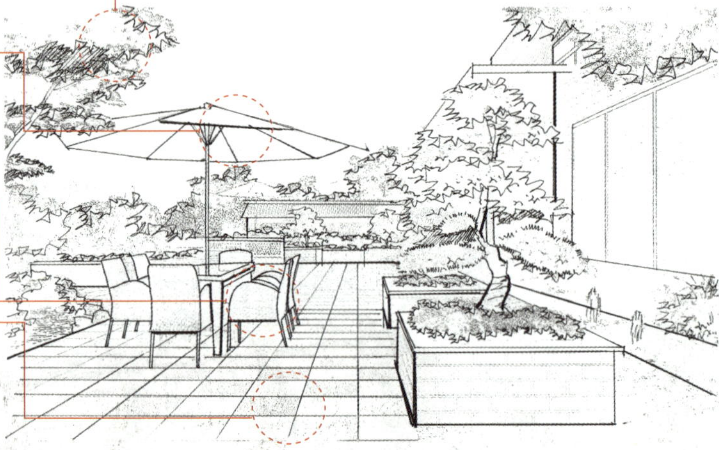

（b）步骤一：线稿绘制

画面边缘处的绿植选用浅绿色平涂即可。

遮阳伞伞面区域选用浅蓝色平涂即可。

位于画面中心地带的家具着色时可选用两种色彩浓度不同的黄色。

墙面选用浅冷灰色平涂即可。

（c）步骤二：基础着色

图5-7 屋顶景观效果图（程子莹）

（d）步骤三：叠加着色

画面边缘处的绿植可选用浅绿色与中绿色叠加的方式来强化树梢的暗部，可交替使用点笔和摆笔涂色。

远离画面中心的墙面着色时可选用深灰色，深灰色可以很好地映衬出此处浅色绿化带的亮面。

为了丰富画面效果，可以选用土黄色来表现家具和遮阳伞在地面上的阴影。

深浅有度的配色能更好地表现出花台的立体形态，此处可选用色彩较深的冷灰色来强化花台的明暗分界线。

（e）步骤四：深入刻画细节

此处树梢细节可选用笔触较细的绘图笔绘制，可在树梢暗部绘制排列有序的斜线，这种线条能强化树梢所形成的阴影，同时也能增强此处区域的明暗对比度。

树木在墙面形成的投影可选择浅绿色绘制，点笔和摆笔均可表现出投影的特点。

为了强化画面的视觉效果，可以选用深绿色来深化绿植暗部，注意部分亮部可留白不着色。

家具阴影用深棕色绘制即可。

（f）步骤五：强化并对比

为了丰富画面中心处的视觉效果，可选用中蓝色细化遮阳伞的局部伞面。

家具暗部区域可选用深棕色来深入强化。

可使用彩铅绘制棕色的斜线条，这些线条排列有序，可以很好地丰富远处地面的层次感。

可使用彩铅绘制蓝灰色的斜线条，这些线条排列有序，能够很好地统一花台的暗部层次。

图5-7　屋顶景观效果图（程子莹）（续）

图5-7：屋顶景观效果图绘制同样需要注重构图，其重点在于将简单对称的构图复杂化和层次化。首先，应依据参考图片绘制出屋顶景观的线稿，线稿中要精确绘制出主体对象中央绿化植物的特点；着色时，对色彩的运用要合理化，要避免形成单调的色彩关系，可对中央灌木进行分色处理，这样着色也会比较方便；接着，逐一绘制背景与搭配植物，并深入刻画其细节，可利用深色映衬浅色；最后，做好中央乔木间隙的着色处理与留白处理，并对地面铺装分块进行绘制，绘制时可依据画面情况适度加深地面的色彩，还可利用点笔和短横笔的笔触形式来丰富整个画面的表现形式，使整个画面更平衡。

第八节　住宅庭院景观效果图绘制步骤

住宅庭院景观
效果图绘制步骤

绘制庭院景观应当避免重复使用单调的绿色来绘制各类植物，要在统一中有所变化，并注意绿化植物的色彩区分，以免使用色彩过多，导致出现色彩混杂的情况（图5-8）。

庭院周边墙体需使用直尺辅助绘制，为了使画面更生动，应当选择笔触较细的绘图笔来点绘墙面，以便更好地表现墙面的肌理效果。

较大的树木应简化绿叶的绘制，而强调茎干部位的绘制。

楼梯台阶的绘制要符合透视原理，透视方向要与整体画面相统一。

对于靠近视觉中心处，稍显复杂的结构造型可选择使用双线或三线绘制。

（a）参考图片

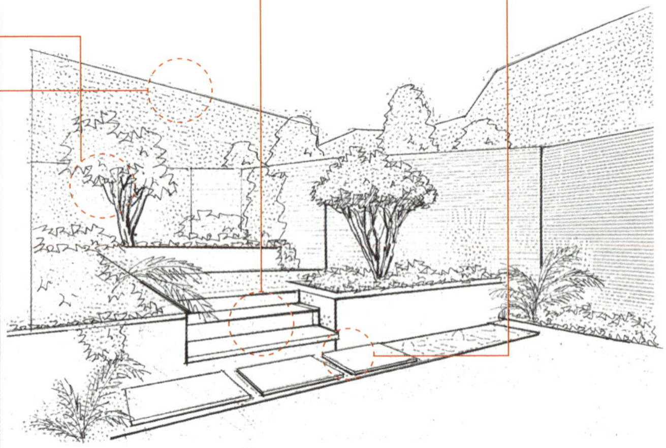

（b）步骤一：线稿绘制

庭院周边的围墙可以选用浅暖灰色进行基础着色。

庭院外墙外的绿化，距离视觉中心较远，选用浅绿色平涂即可。

可选用中绿色来表现庭院内部远离视觉中心的绿植，注意运笔方向可适度倾斜。

庭院内墙可选用暖黄色填涂，这种色彩能够很好地与绿植的色彩相匹配。

庭院内较高树木的茎干部位着色可选择较深的棕色。

庭院内的楼梯台阶和花台等的着色可选择冷灰色，这种色彩能很好地表现出楼梯台阶的质感。

庭院内墙可选用色彩浓度较深的黄色进行二次叠加着色。

庭院地面着色可选择冷灰色，着色时应当分两个层次，并以先后顺序平涂，注意深色不可完全覆盖浅色。

（c）步骤二：基础着色

（d）步骤三：叠加着色

图5-8　庭院景观效果图（程子莹）

绘制树木细节可选用深绿色以点笔的形式来丰富树木的形体结构和整体画面的层次。

庭院内墙细节深化可选用棕黄色再次进行叠色，这样能显现阴影效果，同时也能表现出内墙界面上不同的明暗关系。

庭院台阶以及花台等的暗部可选择色彩浓度较深的冷灰色来表现。

台阶旁的水池可选择色彩浓度不同的浅蓝色交替绘制。

（e）步骤四：深入刻画细节

植物在庭院墙面上形成的阴影可选用色彩浓度较深的棕色绘制。

为了强调庭院内墙材质的肌理效果，可选用较细的笔触进行内墙的着色，色彩宜选用深棕色。

为了丰富地面材质的肌理效果，可选用深冷灰色，并用较细的笔头进行挑笔，绘制“S”曲线。

点白可以强化喷泉水景的水花效果，一般通过适当留白或使用涂改液的方式表现。

（f）步骤五：强化并对比

图5-8　庭院景观效果图（程子莹）（续）

图5-8：庭院景观效果图的绘制重在如何将简单对称的构图复杂化和层次化，以及如何搭配色彩，从而使得庭院景观更具生活化和生态化。首先，应依据参考图片绘制线稿，线稿中需要对主体对象中的中央绿化植物进行分层，独立及精确地绘制；着色时要避免形成单调的色彩关系，并做好中央灌木的分色处理；接着，合理调和色彩，可利用深色来衬托浅色植物，并逐一绘制背景与搭配植物；最后，对地面铺装进行分块细致绘制，并进一步加深地面色彩，可通过短横笔和点笔的笔触形式来丰富画面效果，深入绘制时还应注意做好中央乔木的间隙与留白处理。

本章小结

效果图是快题设计的最终呈现，在完整的图纸中占据了重要的成分，本章针对不同的空间，细致地讲解了手绘效果图的表现步骤，并标注了绘制的细节。从初步的草图到最终的成品，每一步的运笔技巧以及整体的色彩搭配到效果图的精髓，都进行了解析探讨。

课后练习

1. 效果图绘制分哪几步?
2. 简述效果图细节绘制的要点。
3. 效果图色彩应如何把握?
4. 效果图绘制应该注意哪些问题?
5. 设计并绘制一处室内或室外空间快题设计作品。

第六章

快题设计作品解析

学习难度： ★★★★★

重点概念： 版面设计、快速绘制快题、慢速绘制快题、快题作品赏析

章节导读：

教案课件
请扫码阅读

快题表现考察的是设计者对线条、色彩、版面构图以及作图时间等的把控能力，一般快题考试有两种形式：一种是考试时间为3～4小时的快速快题考试；另一种是考试时间为6～8小时的慢速快题考试，这两种考试形式有不同的侧重点，考生需要在快题考试之前明确绘制重点，并合理分配时间，以便获得比较好的考试成绩。

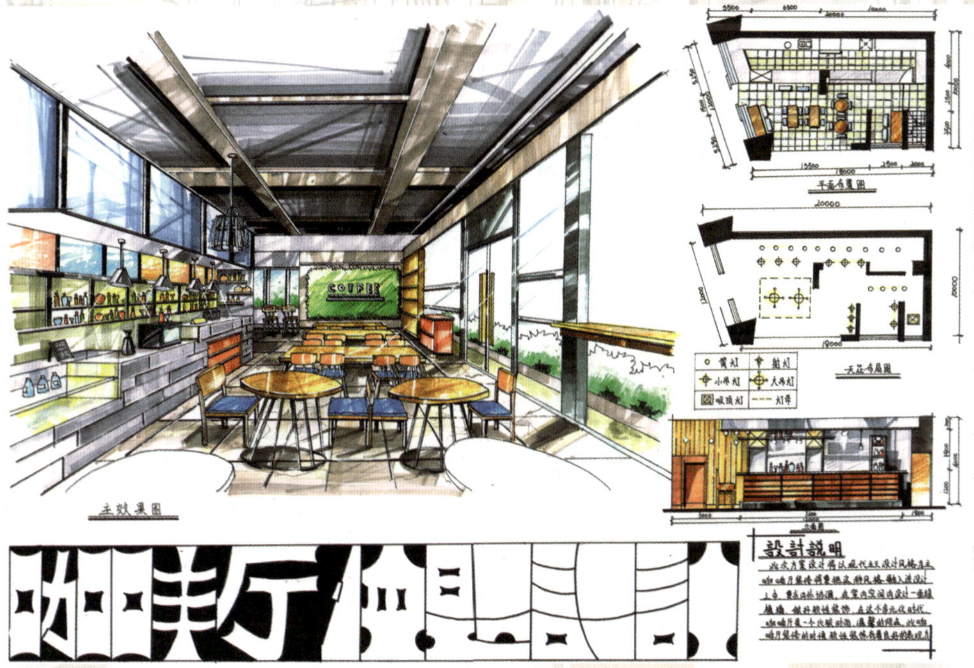

快题设计咖啡厅（韩宇思）

第一节　版面设计与布局

版面设计是快题表现中比较重要的一环，它追求视觉的平衡，同时要求所绘制的画面要有重点，且画面中的所有色调要和谐，要兼具节奏感和韵律感。

一、版面设计元素

快题表现中的版面元素主要包括标题、创意思维图、平面图与顶面图、立面图与剖面图、效果图以及设计说明，这几种元素在快题表现图稿中占有不同的比例（图6-1）。

二、常用版面布局

快题表现图稿的版面布局讲究平衡性和逻辑性，平衡性要求图稿中所有元素所占的比例要平衡，所摆放的位置要协调；逻辑性则要求图稿中的内容要具有完整性、流畅性及连贯性，要形成别具一格的视觉效果，且版面格局也应当能够满足公众的观赏习惯，下面主要介绍快题表现图稿中常见的几种版面布局形式（图6-2）。

图6-1：快题表现图稿中要保持设计元素与整体框架之间的对齐关系，单块与单块之间的对齐关系以及单块与整体之间的对齐关系。版面中要有隐形矩形框和隐形对齐线条，图稿中的文字、色块以及效果图等要成组、成区块展示出来。快题表现图稿中要合理运用色彩，要有主色和配色，且不同色彩在图稿中的比例要协调，色彩深度也应当符合设计要求。

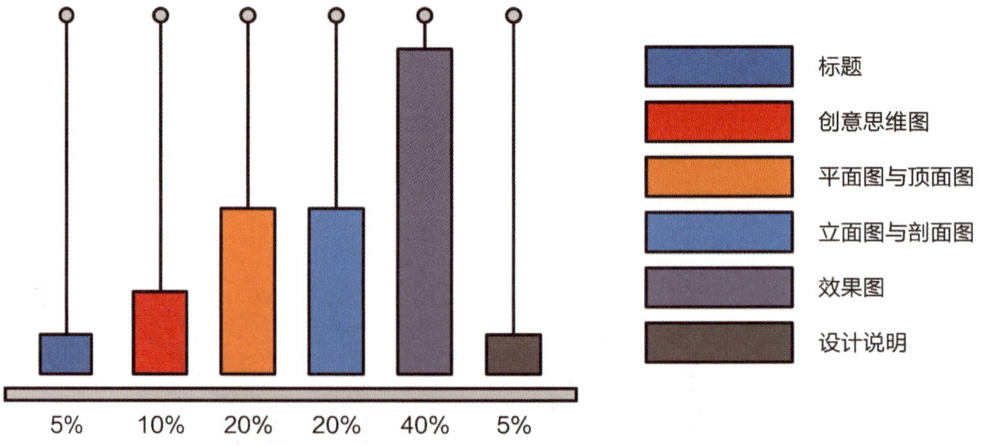

图6-1　各元素在快题表现版面中所占比例

图6-2：依照从上向下，从左向右的顺序依次表述标题→创意思维图→平面图、顶面图→立面图、剖面图→效果图→设计说明等设计元素，设计说明的文字不建议放在整幅快题图稿上下两端的边缘，这样会导致字体不工整或字数太少，对整体版面的视觉效果也有影响。

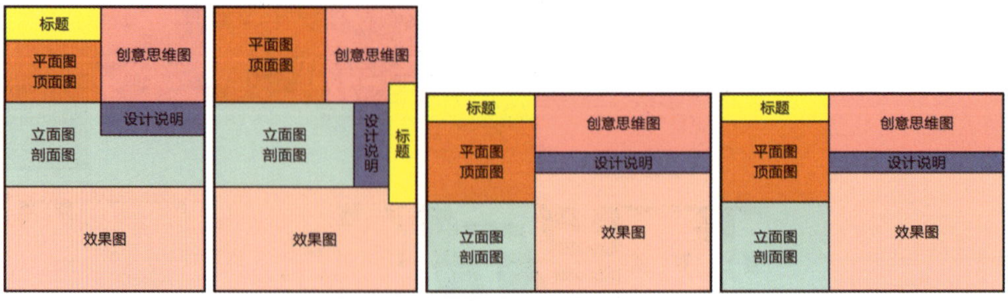

图6-2　快题设计版面布局

第二节　快题设计快速绘制步骤

快速快题绘制主要针对3～4小时左右的快题考试，下面就不同空间快题设计的绘制步骤来具体讲解快速绘制快题的要点。

居住空间快题设计绘制

一、居住空间快题设计绘制

居住空间快题设计图稿要表现出室内布局的特点，这可以从室内空间的平面图与部分立面图和效果图中展示出来，立面图和效果图中的内容应当具备一定代表性（图6-3）。

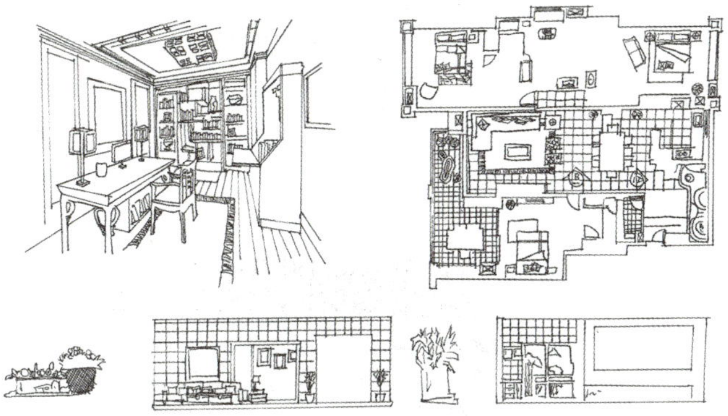

（a）步骤一：绘制线稿，包括平、立面图、效果图

（b）步骤二：着色，选定区域绘制效果图，色彩合理

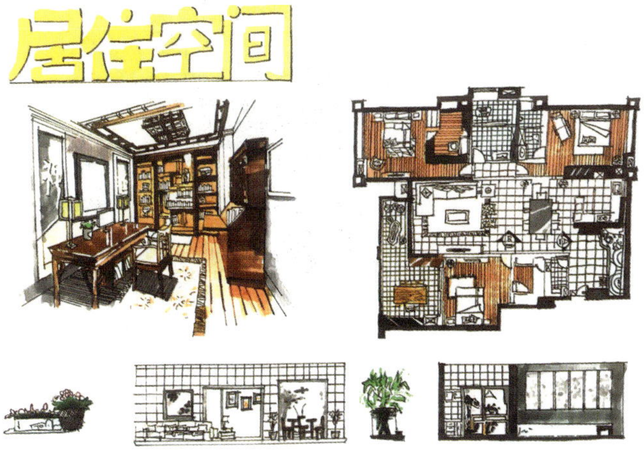

（c）步骤三：添加标题，控制标题大小与位置

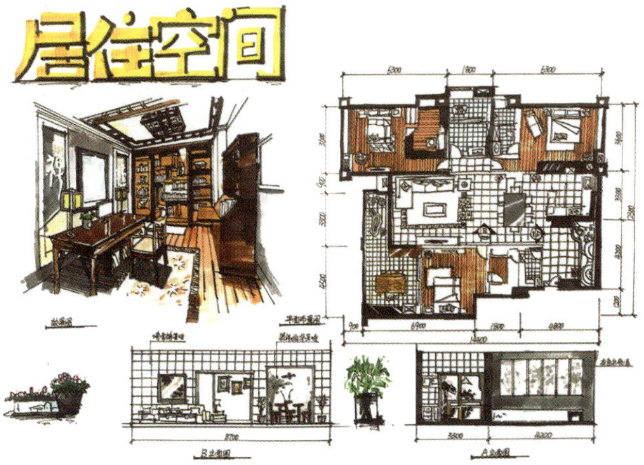

（d）步骤四：标题添加颜色，并添加文字与尺寸标注

图6-3　快题设计居住空间快速绘制步骤（吴晗）

图6-3：本套设计方案主要以中式传统结合现代设计为设计主题，在现代简约设计的基础上，再加上少许中式设计元素，二者相互结合，相互交融。该套设计以简洁明快的设计风格为主调，在追求经济、实用、舒适的同时，也体现出了传统文化品位。此外，设计所追求的简约风格不仅注重居室的实用性，同时也较好的兼顾了中国传统文化中的审美情趣与现代人追求实用性之间的关系，与此同时还彰显了现代社会生活的精致与个性，很符合现代人的生活品位，这些在居住空间的快题图稿中都应当表现出来。

咖啡店快题
设计绘制

二、咖啡店快题设计绘制

绘制咖啡店的快题图稿时需注意，咖啡店的装饰风格既要符合大众的审美，也要有自己的个性，店内所设置的灯光要能营造一种自由和轻松的氛围，且店内功能分区要明确，装饰元素不可过多，以免显得凌乱，所使用的色彩也应当统一，不可有过于强烈的颜色对比，会给人一种紧张的感觉，影响咖啡厅内的整体氛围（图6-4）。

图6-4：本套设计方案以现代主义设计风格为主。在这个时代，咖啡店更倾向于时尚、温馨的风格。在进行咖啡店装饰时应将这种风格融入设计之中，并要求内外协调，在室内空间设计一面绿色植物墙，做好软性装饰，同时该咖啡店的软性装饰在装修的时候也能具备良好的表现力。此外，该咖啡店中的桌子形状均是以咖啡杯为原形变化而来，一方面突出了咖啡店的主题；另一方面也能给人以新的审美和消费体验。

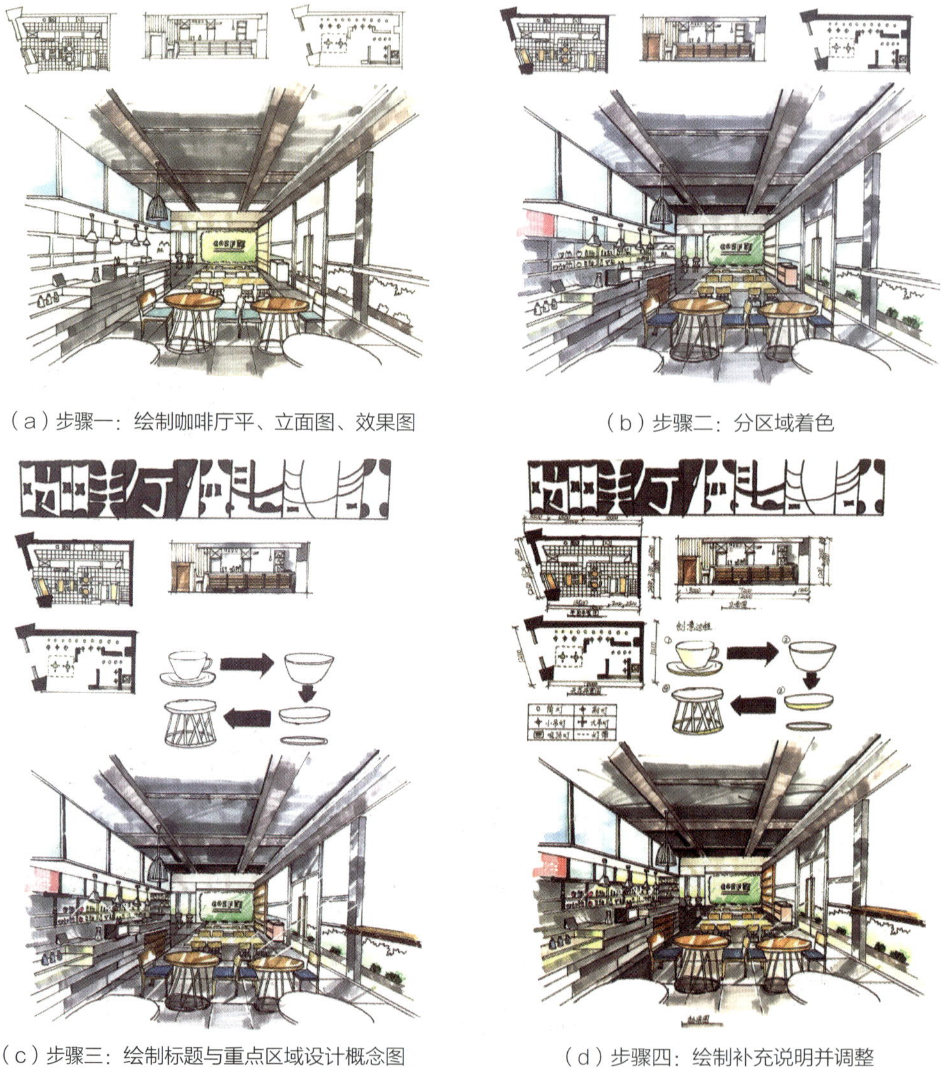

（a）步骤一：绘制咖啡厅平、立面图、效果图

（b）步骤二：分区域着色

（c）步骤三：绘制标题与重点区域设计概念图

（d）步骤四：绘制补充说明并调整

图6-4　快题设计咖啡店快速绘制步骤（吴晗）

补充要点

平面图着色

平面图着色应注重虚实关系的绘制，图稿中心部位的主体图案可选用马克笔着色，图稿中面域比较窄小的区域则可以选用彩色铅笔进行着色，当绘制至边缘且无边界线处时应当特别注意，可通过逐渐拉开笔触间距来中止着色，不建议仓促结束着色。

三、广场景观小品快题设计绘制

景观小品主要用于点缀景观空间的小型设施，包括假山石景、雕刻、壁画、花架、雕塑、汀步、园椅、园凳、栏杆、花窗、隔断、景墙以及宣传牌等。景观小品要求能够兼具实用功能和装饰功能，一般体积较小，造型比较新颖，有比较强的观赏价值。

绘制景观小品的快题图稿时要注意，景观小品的设计要巧于立意，要能传递出一定的意境和情趣，并能感染公众，引起共鸣；同时景观小品还要能够结合地域特色，设计要具有浓郁的工艺美感，要能与自然和谐相融，与周边景观环境之间的构图关系也要十分和谐，且能满足使用功能和技术要求（图6-5）。

广场景观小品
快题设计绘制

（a）步骤一：绘制景观小品的线稿图

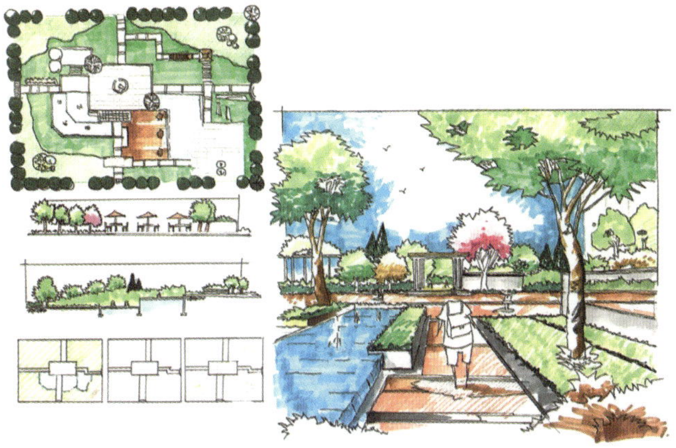

（b）步骤二：依据主次顺序进行着色

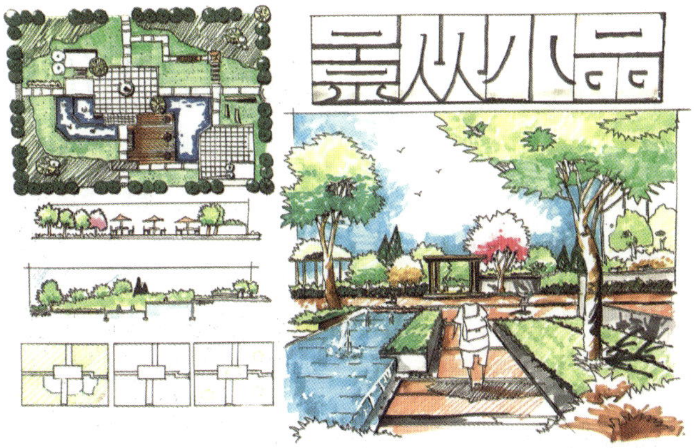

（c）步骤三：检查并修补着色，绘制标题

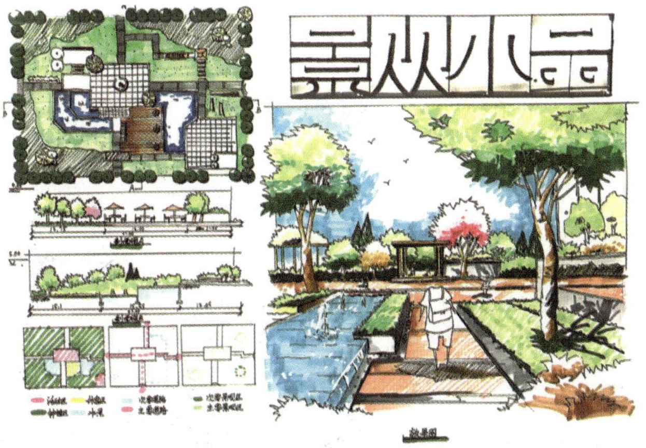

（d）步骤四：完善图稿色彩，添加文字与尺寸标注

图6-5　快题设计广场景观小品快速绘制步骤（吴晗）

图6-5：该套设计方案以大型广场为主，分区明确。一般大面积广场很适合公众交流，在该广场内同时设置了休息区、文化景墙与文化景观区域，所选择的色调也富有生机，铺地小品的色彩与主体建筑也能达到和谐统一的效果。此外，该广场内的景观小品色彩鲜亮，能起到画龙点睛的作用，配合园中的喷泉，能给人赏心悦目的、心旷神怡的感觉，这也实现了景观小品既和谐统一，又富于变化的设计目的，同时在用色上又避免了色彩杂乱无章，在加强广场的艺术性和品位的同时还保证了审美情趣，且设计整体也能很好的显现以人为本和为人民服务的人文主义精神。

四、公园景观快题设计绘制

公园景观快题设计绘制

公园是具备自然观赏功能和供公众休闲娱乐的公共场所，它的设计要符合相关科学技术和艺术原则，同时还要能够满足环境保护的基本要求。公园一般可分为综合类公园、专类公园以及花园等。综合类公园可细分为市级公园、区级公园以及居住区级公园等；专类公园可细分为动物园、植物园、儿童公园、体育公园、文化公园、交通公园以及陵园等；花园可细分为综合性花园及专类花园等，在绘制快题图稿时应依据公园类别来选定侧重点。

此外，在绘制公园景观的快题图稿时还应注意，公园以及公园景观的设计均应结合周边地域环境特色，在统筹研究解决公园与城市建设，公园空间布局，公园环境容量以及公园建设步骤等问题的前提下，要能够和谐地将游乐区、休憩区以及景观观赏区等结合在一起，并能因地制宜，创造出别具一格，主次分明的公园景观（图6-6）。

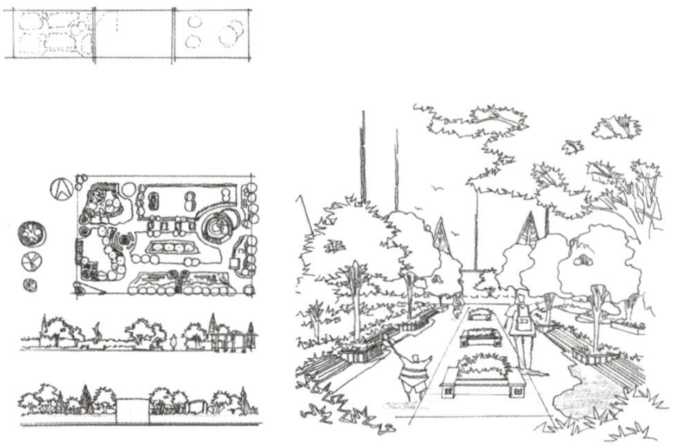

（a）步骤一：公园景观线稿绘制

（b）步骤二：主要效果图着色

（c）步骤三：平、立面图着色

（d）步骤四：绘制标题，添加尺寸、文字标注，并整理

图6-6 快题设计公园景观快速绘制步骤（吴晗）

图6-6：本套设计方案是以某城市中公园的公共绿地广场为主，该公园占地面积较大，由于该城市定位为创新城市，因此在规划的过程中应当考虑到品种丰富的植物，整套设计方案以简洁、大方、便民及美化环境为主，并以此来突出创新这一主题。在设计时能够使绿化和广场相互融合，并拥有独属于自己的独特风格的植物，也从另一方面反映出该城市创新、清新的形象，这也暗喻着该城市的发展越来越好，同时这种设计既能够较好地展现该城市的城市精神与文化，也能满足市民休闲、娱乐及审美的需求。

第三节　快题设计慢速绘制步骤

慢速快题绘制主要针对绘制时间在6～8小时的考研考试，下面将就不同空间快题设计的绘制步骤来具体讲解慢速绘制快题的要点。

一、服装店快题设计绘制

服装店是公众进行社会生活的重要组成部分，它是公众进行服装交易的重要场所，其规模有大有小，其设计要能陶冶公众的情操。一般服装店应包含出入口、收银台、服装陈列摆设区、休息区以及试衣间等不同的功能分区，在设计时要分清主次，要合理分配不同的功能分区所占的面积，同时还需做好相应的灯光处理和死角处理，服装店内的灯光既要能够展示出服装的特色，又要能够营造一种轻松、自由的购物氛围，这些都应当在服装店的快题图稿中一一展现出来（图6-7～图6-9）。

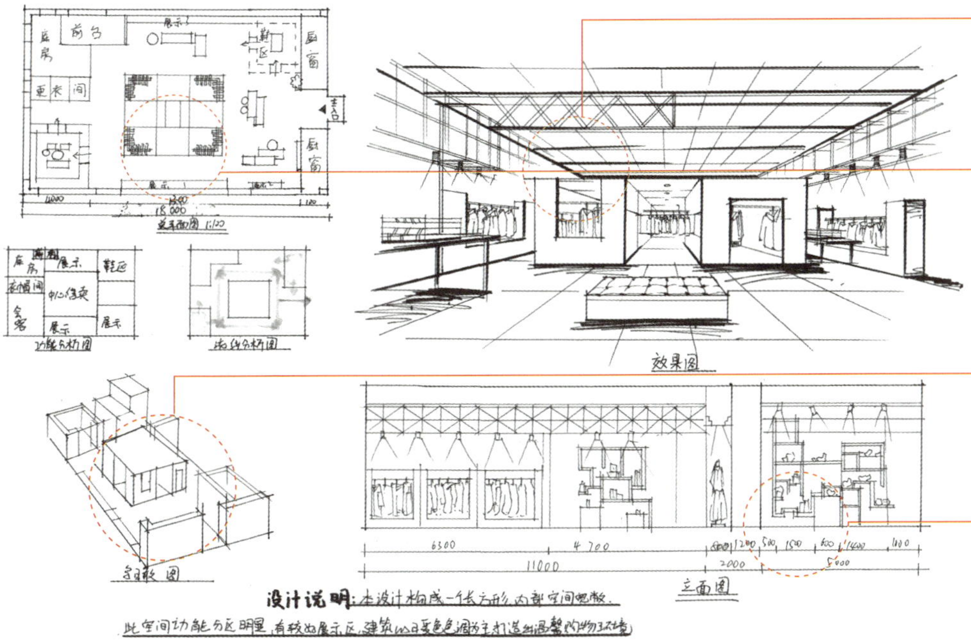

图6-7　快题设计服装店线稿（张达）

运用较粗的勾线笔强化主体结构轮廓，为后期着色奠定基础。

平面布置以环绕形式为主，交通中心围绕着中央精品专柜展开，具有较强的穿越性与体验感。

将整体空间构造以鸟瞰图的形式简单表达，便于快速理解空间设计形态。

根据考题要求选择绘制立面图，对立面图中的构造详细表现并标注数据。

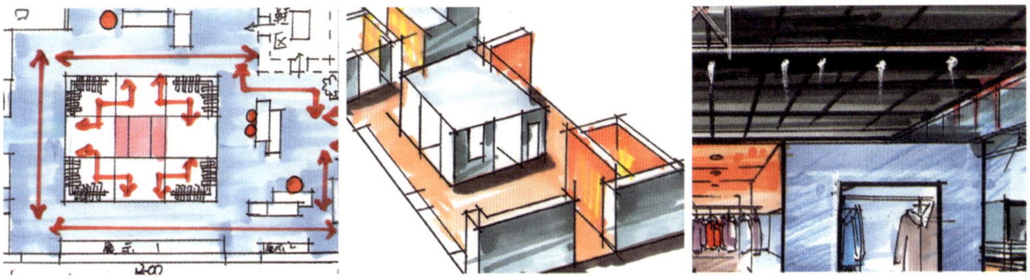

（a）交通流线图　（b）立体鸟瞰图　（c）顶部效果

图6-8　服装店局部效果图（张达）

图6-8（a）：在表现交通流线时采用比较鲜艳的颜色，采用较浅的颜色作为底色，能衬托出流线箭头。

图6-8（b）：在立体鸟瞰图中简单着色即可，但要表现出体积感与光影关系。

图6-8（c）：顶部无吊顶空间，采用深色多层覆盖，运用白色涂改液表现灯光照明效果，墙面为浅蓝色，马克笔与彩色铅笔同步覆盖着色。

为了避免顶面构造过于简单，可以考虑设计桁架造型，并选用红色来提升空间的色彩层次。

功能分析图中采用多种颜色表现区域划分。

地面着色采用暖色，与顶面形成对比，彩色铅笔覆盖后会显得更加均匀。

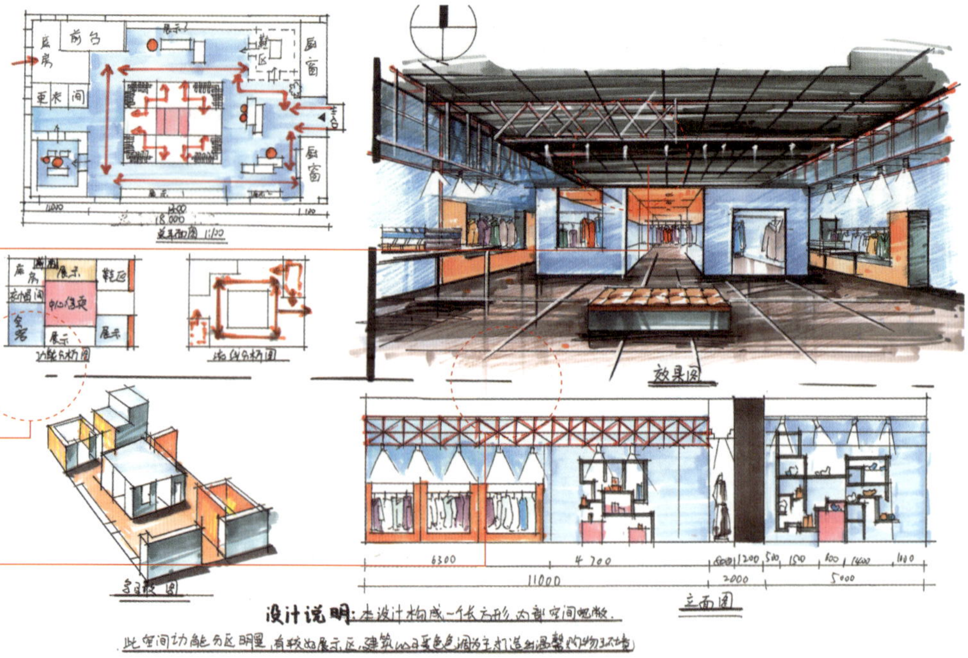

图6-9 快题设计服装店着色稿（张达）

二、书吧快题设计绘制

古时书肆即为现代的书店，书店是专用于销售和展示书籍的商业店铺，它主要起到传播思想、普及文化、联系读者以及促进出版的作用。为了与时俱进，书店的经营形式转变为书吧，分区更多元化，目前常见的书吧一般包括出入口、收银台、当季主打书籍展示区、书籍分类展示区、饮品区以及书法体验区等不同的功能分区。

在绘制书吧快题图稿时应注意，书店的设计风格要能营造出一个比较浓郁的阅读氛围，所应用的色彩不可过于复杂，书吧内部色彩要协调、统一，但又在统一中有所变化；所设置的灯光也应当依据展示区域的不同而有所变化，一般应当选用比较温和的护眼光源；功能分区的布局也应当参考读者的日常喜好以及书籍阅读量等而定，不可随意布局（图6-10～图6-12）。

一点透视的形体比较容易把握，需要将各种线条绘制完整，透视方向一定精准到位。

书柜里的形态尽量完整，图书的轮廓形体可以徒手绘制，但是书柜形体要挺括完整。

每层平面图绘制详细完整，标注出尺寸，数据应当对应正确。

立面图可以考虑将两层融合起来统一绘制，表现出立体化空间层次效果。

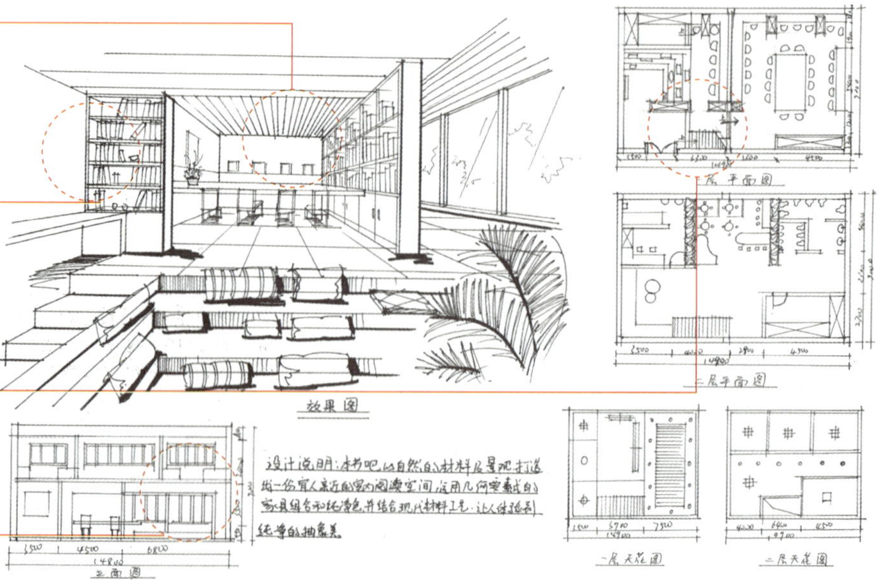

图6-10 快题设计书吧线稿（张达）

（a）局部家具

（b）台阶

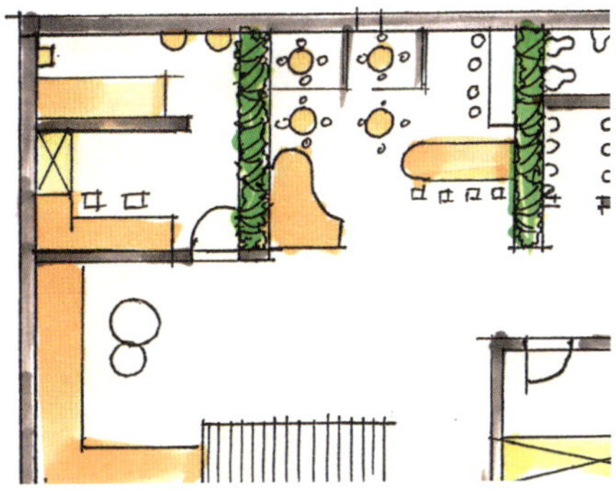

（c）平面图

图6-11　书吧局部效果图（张达）

图6-11（a）：局部家具的底部采用深色强化阴影，用于衬托家具主体构造受光面色彩。

图6-11（b）：台阶的受光面与背光面形成对比，受光面为浅色、暖色，背光面为暖棕色，枕头的形式多样，具有丰富的形态变化。

图6-11（c）：平面图形态绘制简约，覆盖基本色彩能区分构造即可。

顶面色彩的明度适中，不宜过浅，否则会显得画面重心下沉，可以采用彩色铅笔排列线条来强化层次。

一点透视构图中的最远处结构应当细致表现，绘制出对比较强烈的色彩反差，形成画面重点。

窗外色彩与形体表现比较朦胧，选用近似色来覆盖。

顶面图着色较简单，可只对灯具进行局部着色，同时可以缩小顶面图面积。

图6-12　快题设计书吧着色稿（张达）

三、住宅小区景观快题设计绘制

住宅小区的存在一是为展示住宅小区文化；二是为居民提供一个休憩的公共场所，在设计住宅小区景观时，要严格遵守以人为本的设计原则，要充分利用小区地域特色，创造出一个富有感染力的，能够显现地域文化内涵，增强户外空间开放性的场所。

景观是住宅小区中比较重要的一部分，在绘制快题图稿时应当明确区域内部的功能分区，一般包括散步区、交流区、娱乐区、文化展示区等，在绘制时要表现出小区内部景观的多样性和独特性，要合理运用多种植物色彩，以此来丰富图面效果，同时还应分配好不同分区所占的面积，并注意处理好不同分区色块交界处的着色问题（图6-13～图6-15）。

立面图中，树木阴影部位采用倾斜线绘制，增加深色绘图笔强化暗部投影，形成较强烈的对比效果。

树木投影处采用全黑色表现，与树木亮部形成强烈对比。

较长的弧形花台采用粗线强化轮廓，为后期覆盖深色奠定基础，背光区域内还可以覆盖斜线来填充。

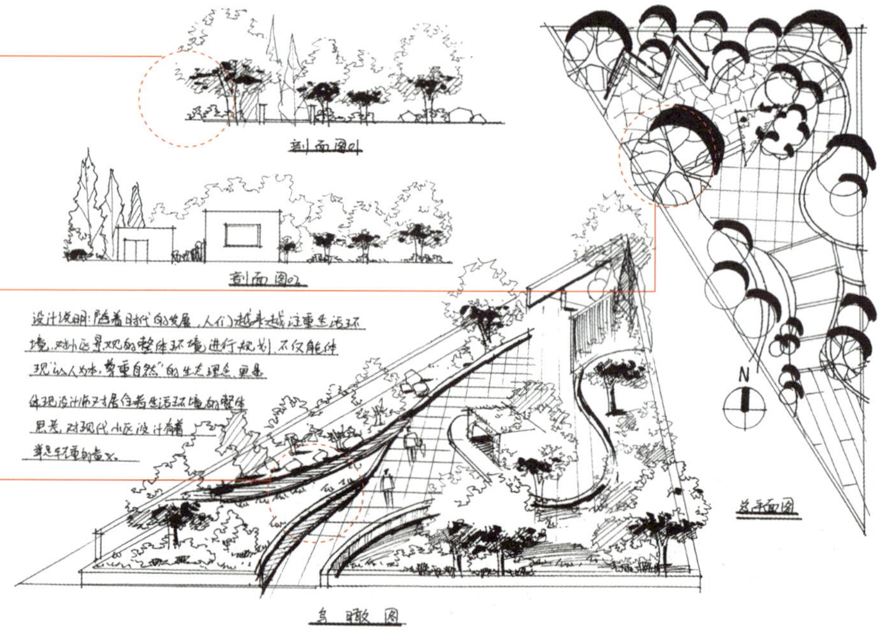

图6-13　快题设计住宅小区景观线稿（张达）

（a）立面树木　（b）画面中央效果　（c）地面效果

图6-14　住宅小区景观局部效果图（张达）

图6-14（a）：立面树木要分清层次，主体树木高大且对比强烈，辅助树木可以不着色，仅通过轮廓来表现其存在。

图6-14（b）：画面中央的造型比较丰富，通过多种植物搭配来形成对比，对不同植物的绿色进行分配表现，将一种绿色变化出多种绿色。

图6-14（c）：地面覆盖浅色才能衬托出树木的深色，并采用彩色铅笔强化树木在地面上的投影。

受天空光照影响，墙体构造底部颜色较深，上部颜色较浅。

树木中暗部采用涂改液点白，表现出树叶之间的透光效果。

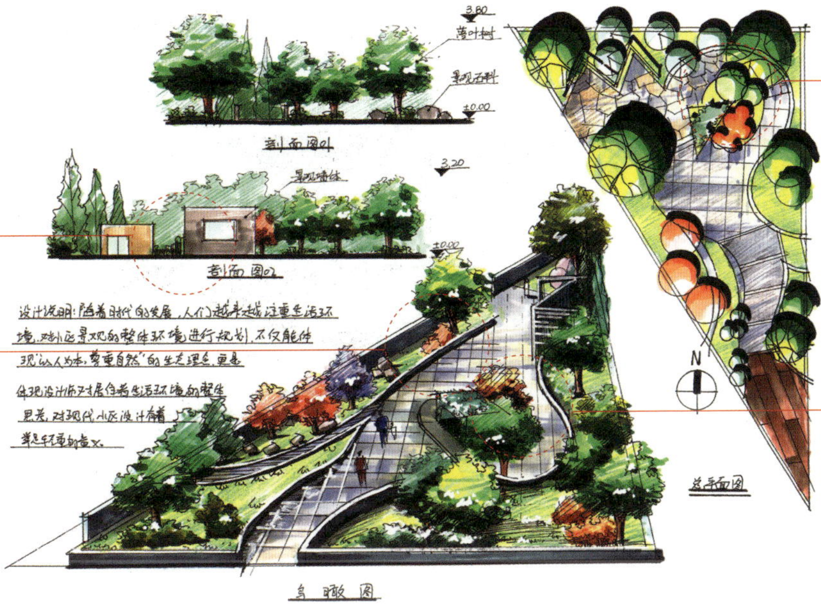

适当搭配暖色植物，让画面色彩具有一定的对比效果。

地面井格铺装轮廓不必全部填满，接近边缘时应当虚化、不绘制。

图6-15　快题设计校园广场景观着色稿（张达）

第四节　快题模板变换设计

在考试中，让考生感到比较困惑的是出题内容与自己擅长的不一致。在短期内强化训练成的设计主题，万一与出题内容不一致，或完全没有关联，就很被动了。因此，在考试前要对相关设计创意进行归纳，形成几套属于自己的创意表现模板，能应付各类考题。下面介绍几类相关主题设计的变换方法。

一、展厅与餐厅共享模板

展厅与餐厅原本不相关联，但是可以运用同一类创意设计造型，甚至在色彩、构图、平面布局、设计说明上都可以相互借用（图6-16、图6-17）。

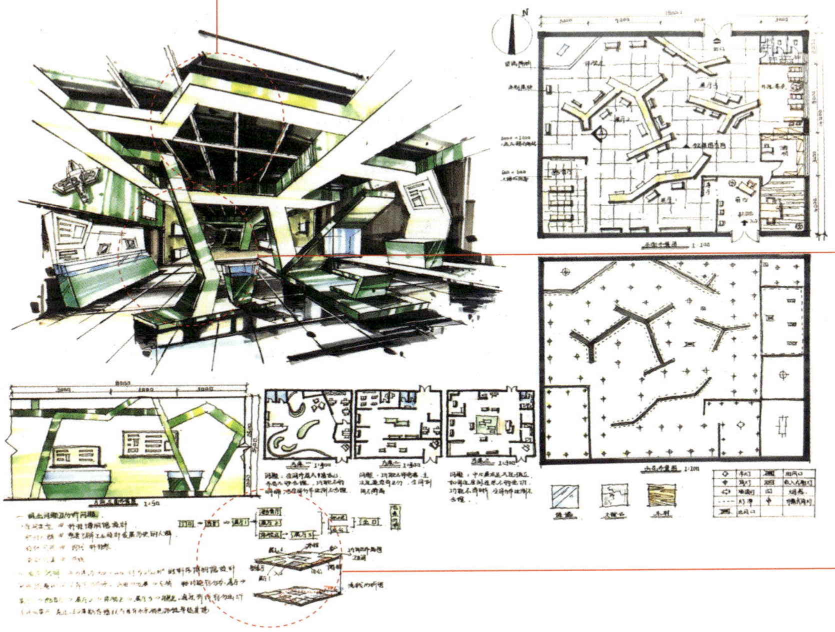

吊顶高处的深色区域是所有公共空间都能运用的表现形式。

折线造型装饰构造搭配绿色，具有强烈的现代感。

创意过程与设计说明文字表述根据出题内容来表现，与主效果图的表现手法无太大关联。

图6-16　展厅快题设计（龙宇）

吊顶、空间主体造型等均与上图无太大变化，这类空间的主题可以继续拓展为其他任何空间，适用性很强。

墙面与家具适当搭配暖色，表现出餐厅的温馨感。

创意过程与设计说明也形成了固定模式，与上图差异很小，甚至修改几个词即能快速完成。

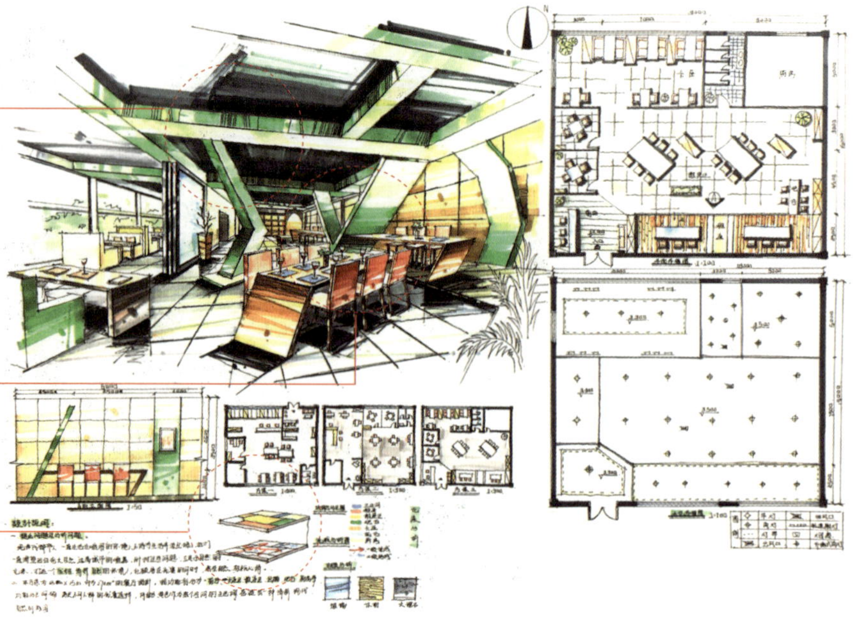

图6-17　餐厅快题设计（龙宇）

二、住宅小区景观与公园景观共享模板

室外设计中的景观出题频率较高，但景观设计方向很多，往往让考生找不准方向。在出题范围允许的条件下，在主效果图与平面图设计中可以只考虑设计其中一个局部，只要不将范围扩大，就能找到很多相似点（图6-18、图6-19）。

住宅小区的主体建筑较高，密度大，在构图时应当考虑回避这些建筑，将主建筑分布在画面两侧，减弱这些主体建筑在图中的视觉感。

主要针对景观中的小品、雕塑进行设计，以直线造型为主能大幅度提高绘图速度。

创意方案图可以考虑倾斜表现，这些能将原本比较平庸的平面布局设计变得富有变化。

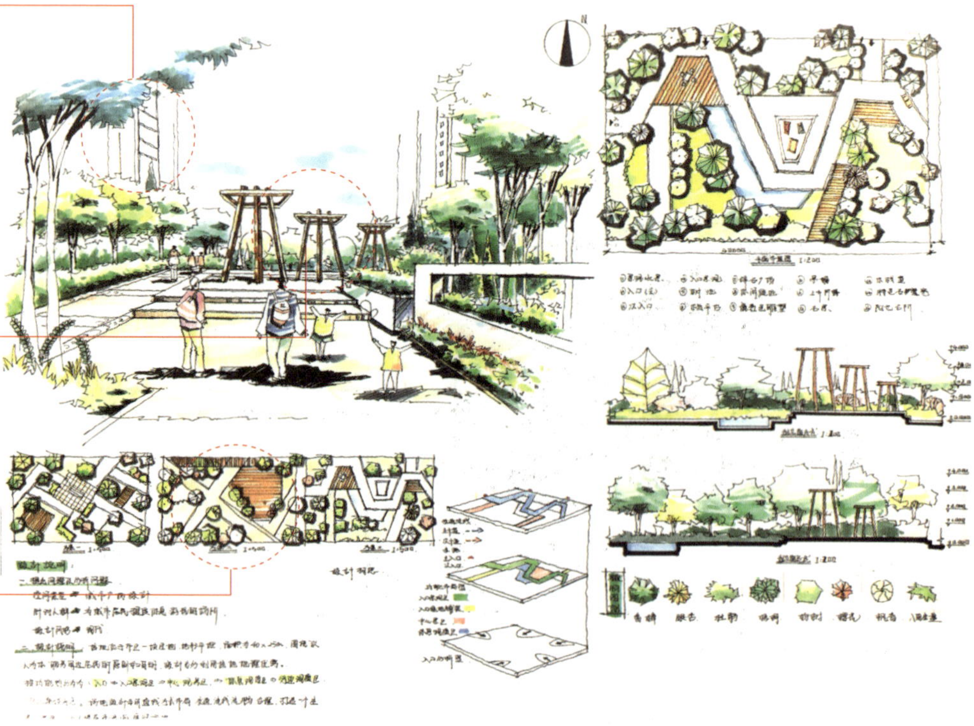

图6-18　住宅小区景观快题设计（龙宇）

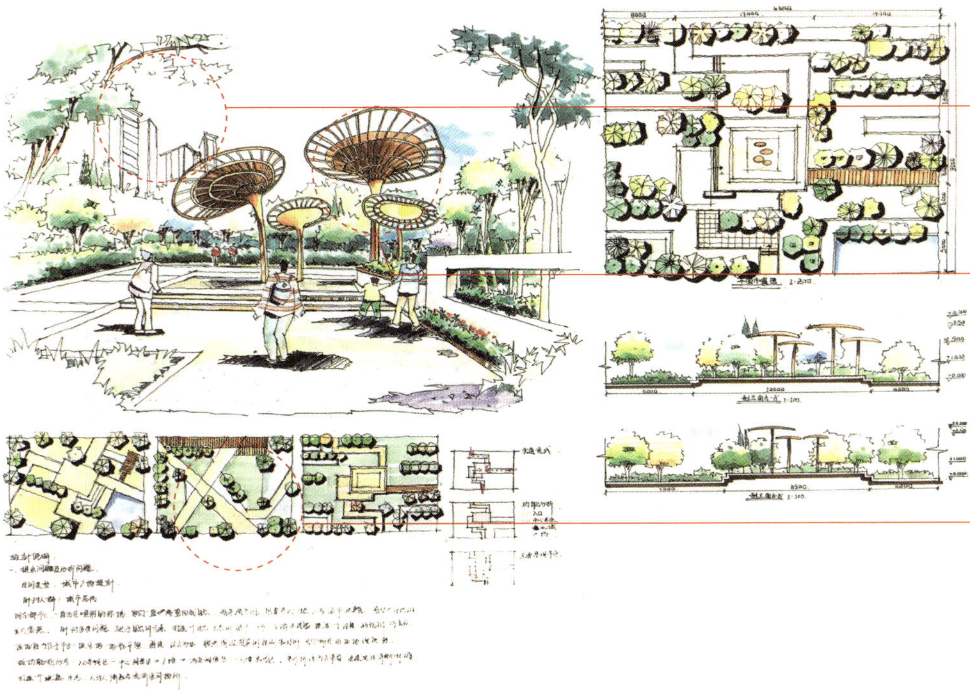

周边建筑以城市街道周边景象为主，弱化上图中关于住宅小区的高大建筑。

主体小品造型可以选择简单的弧线几何造型，主体形态呈网格化表现，能快速精准表现出体积感，同时对透视的把控也很轻松。

创意方案图的内容表现与上图相当，可以完全采用一套平面图，只是在确定方案中要对主体小品构造稍作修改。

图6-19　公园景观快题设计（龙宇）

三、办公间、餐厅与服装店共享模板（一）

办公间、餐厅与服装店是室内考题中常见内容，考生在平时的练习中大多画过，但平时练习多以技法表现为主，并没有系统地考虑过快题设计各细节之间的关联，下面对这三种空间进行融合（图6-20～图6-22）。

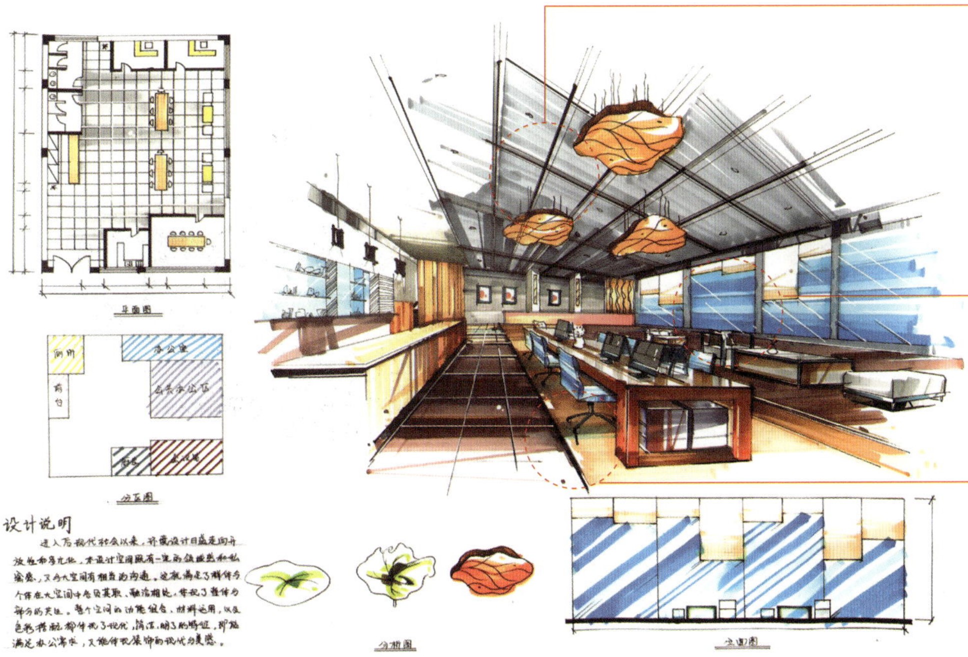

大面积深色吊顶是所有公共空间惯用的设计手法，这三种空间可以通用。

墙面玻璃风格处理，为后期设计变换造型奠定基础。

对地面分块处理，设计地台也是模块化设计的主要方式，根据不同分区来摆放家具。

图6-20　办公间快题设计（邓阳）

平面布置图内容根据考题重新设计，注入多种与考题相关的功能分区，主要把控好主效果图的视角。

创意构思可以通用一种造型，并对此进行推演变化。

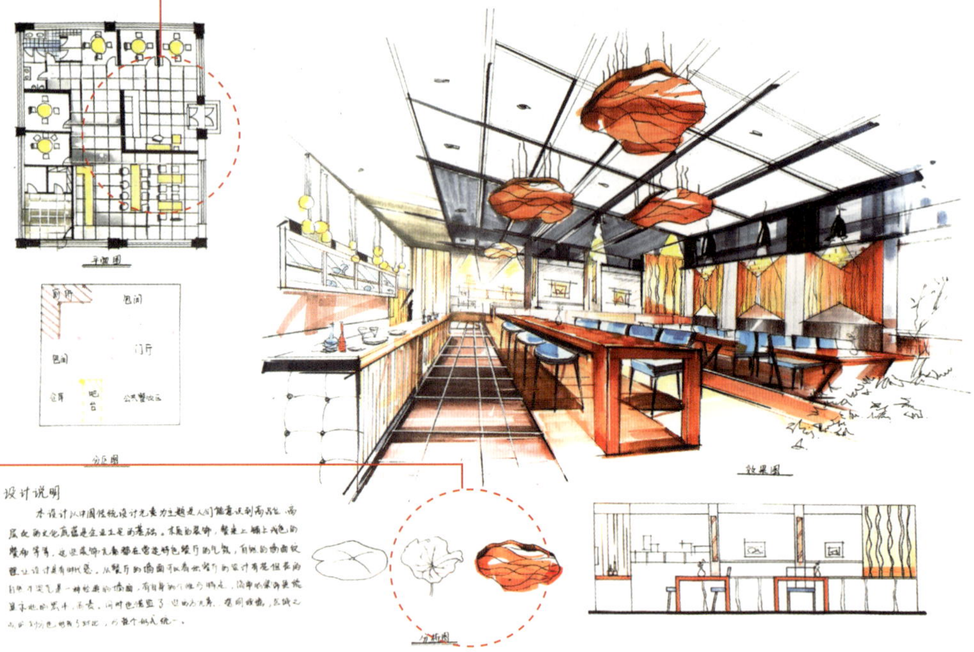

图6-21 餐厅快题设计（邓阳）

对于空间较开阔的布局，主效果图的定位取景特别重要，一定要将预先创意好的空间与平面图关联起来。

墙面造型可以根据主题来变换，但基本分格形式不变。

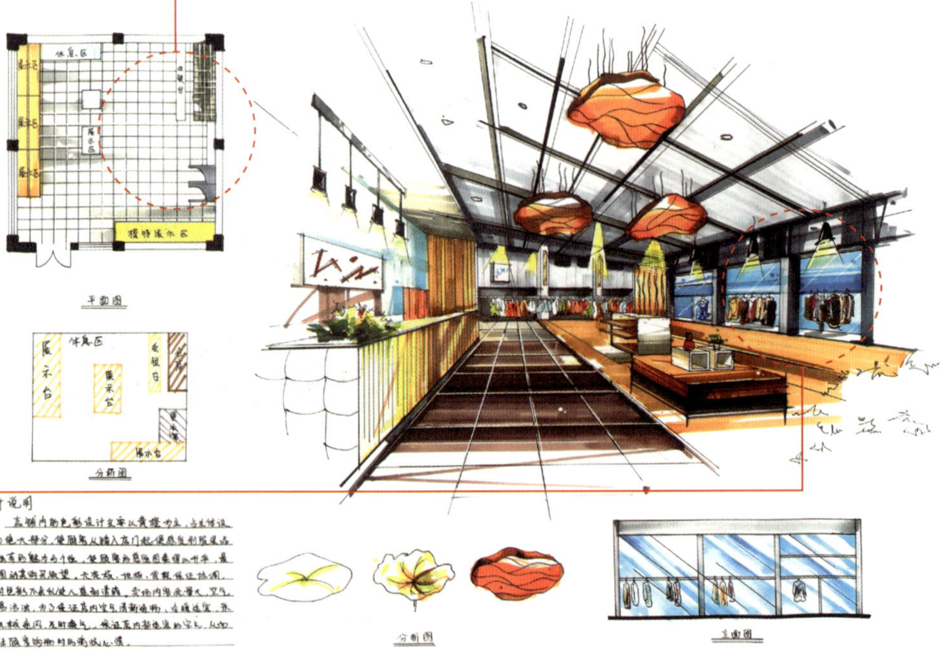

图6-22 服装店快题设计（邓阳）

四、办公间、餐厅与服装店共享模板（二）

下面继续对办公间、餐厅与服装店这三种空间进行融合创意设计，平面布局变成带弧线的异形空间，增添空间氛围感（图6-23～图6-25）。

看似比较复杂的吊顶，其实多为大小不一的六边形，周边背景用深灰色衬托，形成强烈对比，将不规则的形体变得丰富且突出。

位于画面边侧的造型可以采用弧形，对造型的透视准确度要求不高。

画面近处的构造尽量端庄，采用直线造型。

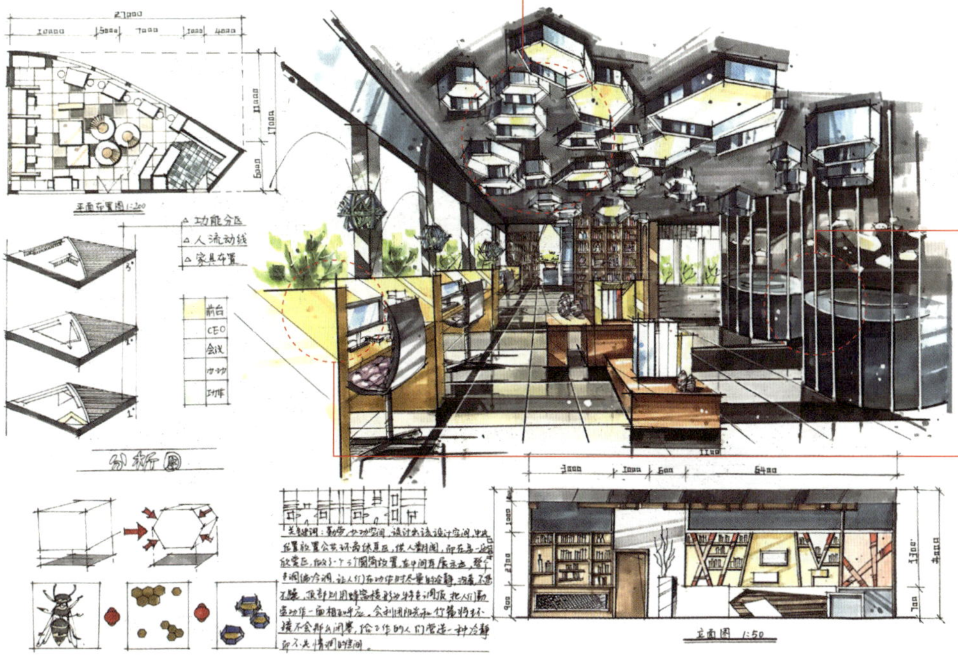

图6-23　餐厅快题设计（刘琪）

对主效果图中的基本布局进行少许变化，或者不变化都能达到完美的功能转变。

空间布局与功能分析图的设计模式与上图类似，采取多元化设计，丰富画面效果。

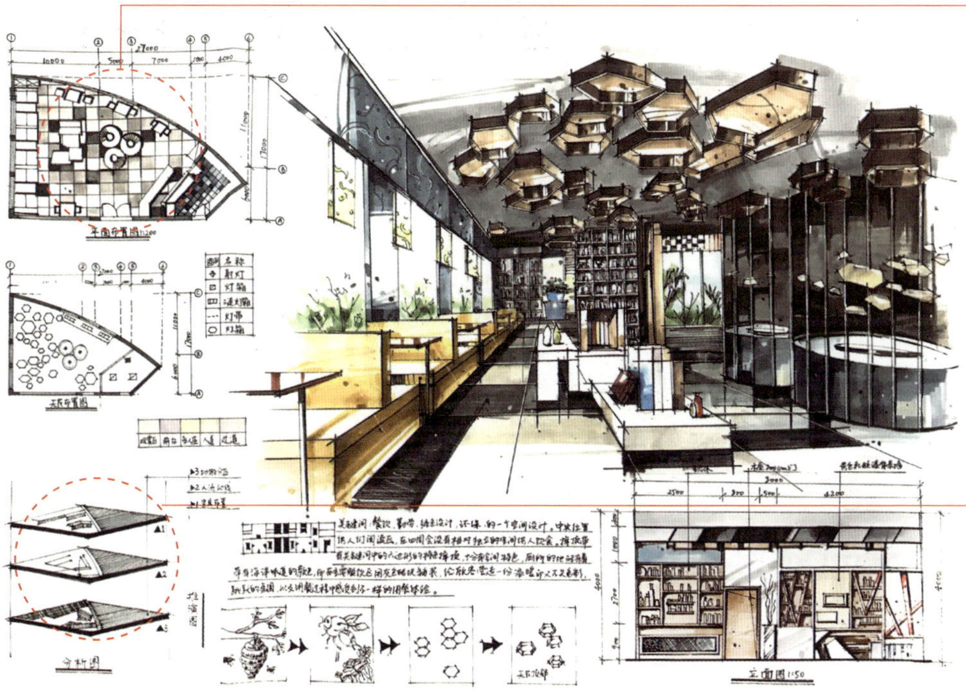

图6-24　餐厅快题设计（刘琪）

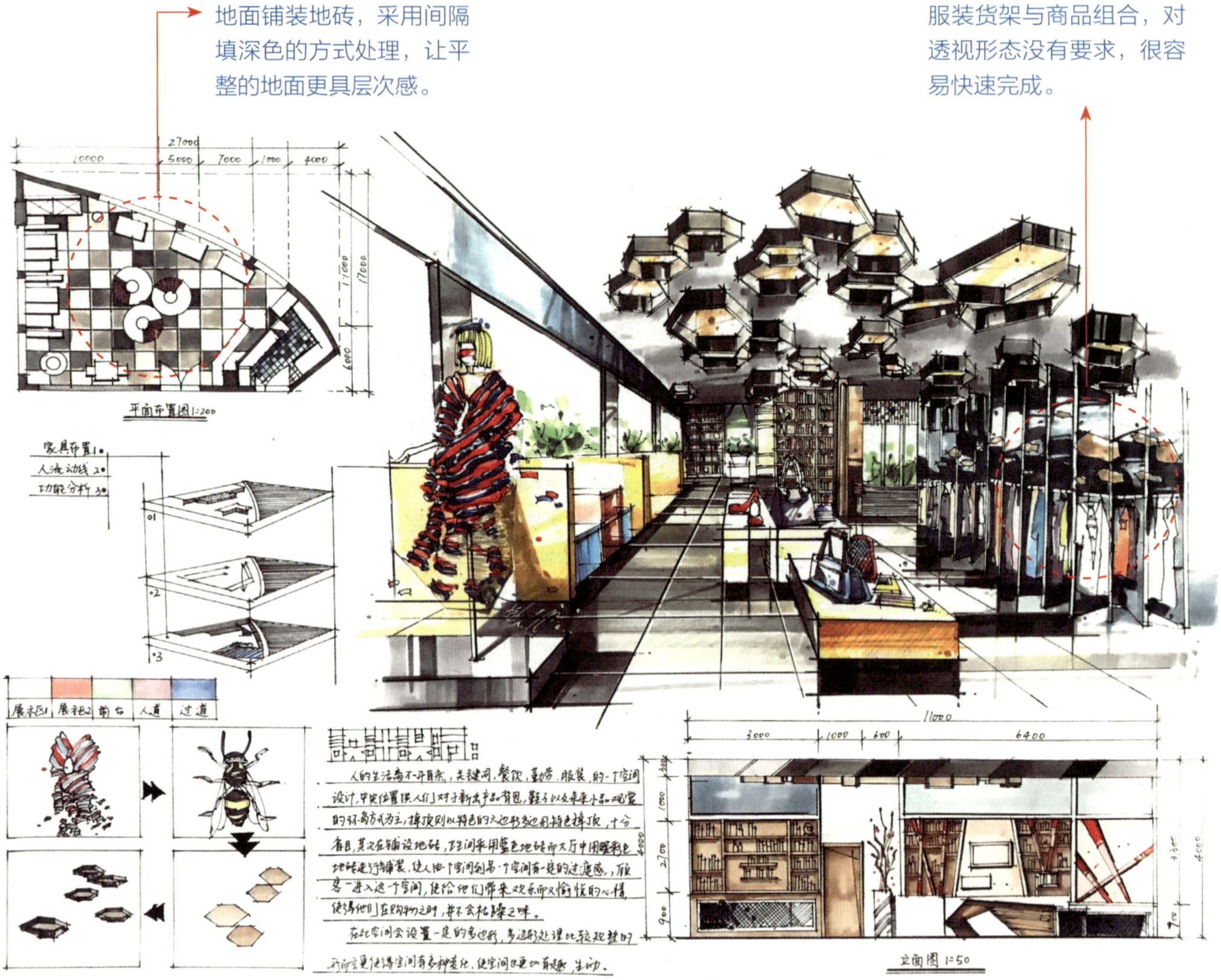

图6-25 餐厅快题设计（刘琪）

第五节 快题设计作品解析

本节主要介绍不同空间的快题手绘效果图，并会对每幅作品中的绘制细节进行详细解读，读者可从中获取经验，同时也能得到一定的启发，这也能为未来的考研打好基础（图6-26～图6-42）。

一、室内空间快题设计作品解析

室内空间是有限的，它主要由顶面、墙面以及地面构成，在室内空间中，人的感觉将会放大化，在设计时要注重色彩、材质、照明、光线、装饰风格、陈设以及家具等对人心理上产生的影响。

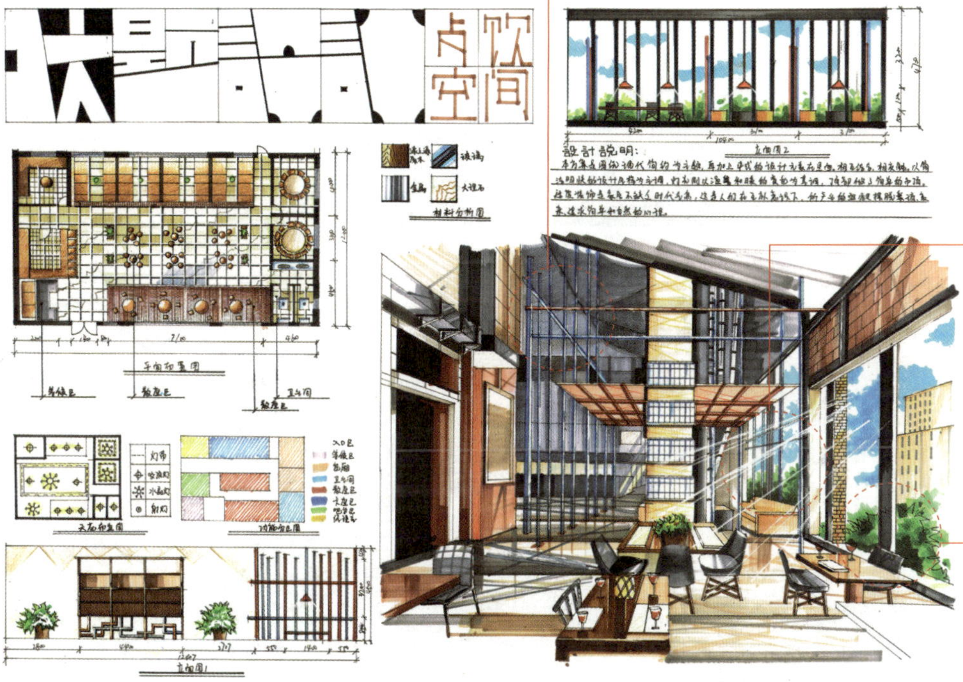

三点透视的绘制方法结合深色与浅色的搭配，且深色置于浅色之上，这种绘制能够更立体、更生动的展示餐饮空间的内部结构特色。

用白色表现从窗外照射进来的光线，视觉效果会更直观化。

空间外近处的绿植描绘得比较细致，远处的绿植和高楼的绘制比较简单，符合透视原理，同时空间外的蓝天、白云也能丰富整个幅面的内容，能增强餐饮空间的真实感。

图6-26　快题设计餐饮空间（杨雅楠）

空间关系图能够帮助更快速地理解该室内空间的功能分区情况，这种简洁、明了的说明方式会更加分。

主效果图旁配有相应的文字说明，说明中简单阐明了该空间所选用的风格、色彩以及装饰材料等，这种形式能够更直观化的表现设计意图。

立面图用于表现设计中重点部位的特色，此处用比较素雅的色彩阐明了设计所选用风格的特色，且图中线条清晰，观赏性很强。

图6-27　快题设计室内空间

行走流线导向图和功能分区气泡图能够清晰、直观地反映出该酒店大堂的布局形式，这能加深对设计的理解。

无论是顶面、墙面还是地面，都符合两点透视的绘制原理，这种形式能够拓宽横向视野，也能彰显酒店大堂的恢宏与大气。

此处棕红色和灰白色能够很好地表现出地面木板和瓷砖的材质特色，二者搭配也很和谐。

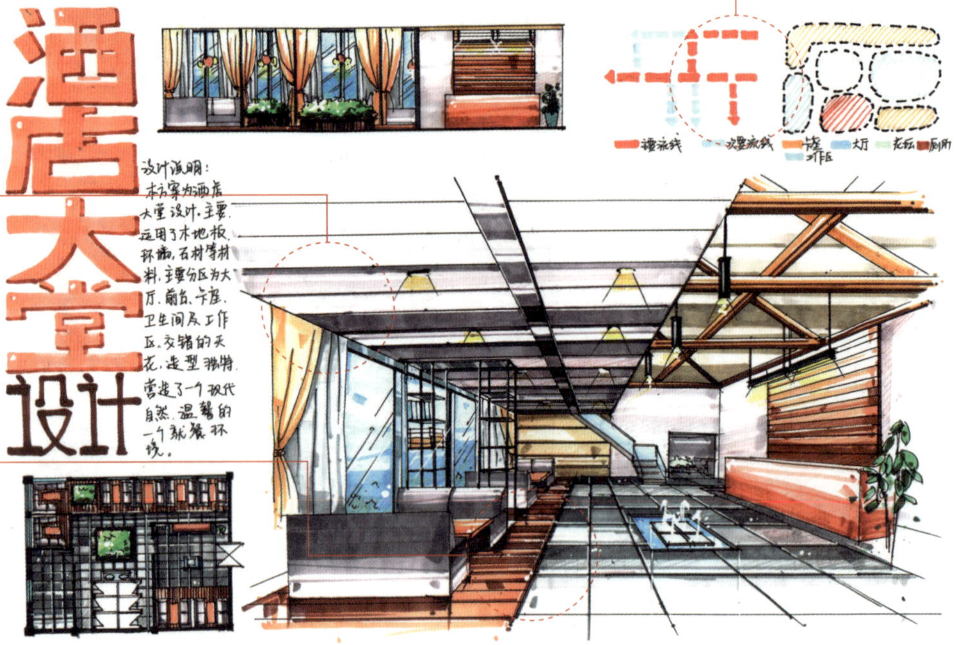

图6-28　快题设计酒店大堂

交通流线导向图和功能分区气泡图能直观反映出该餐饮空间的内部布局形式，这对后期空间构图很有帮助。

此处绘制符合一点透视的绘制原理，这种形式能够扩展纵向视野，能够增强画面的纵向延伸感，所能展示的纵向上的内容也更多。

暖色系能够营造比较轻松、温暖、和煦的氛围，这一点很符合餐饮空间的设计意图。

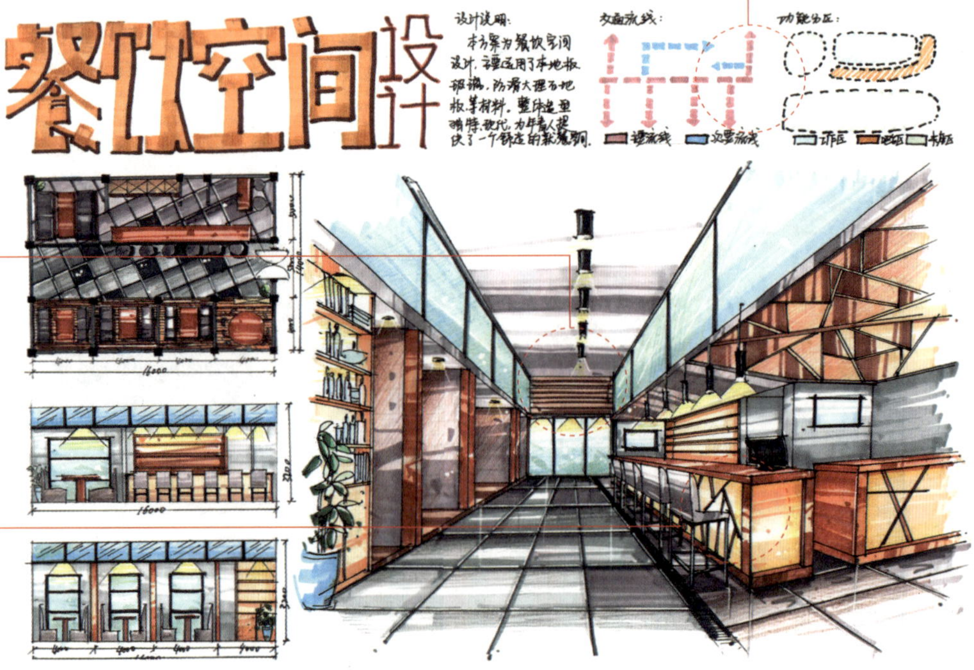

图6-29　快题设计餐饮空间

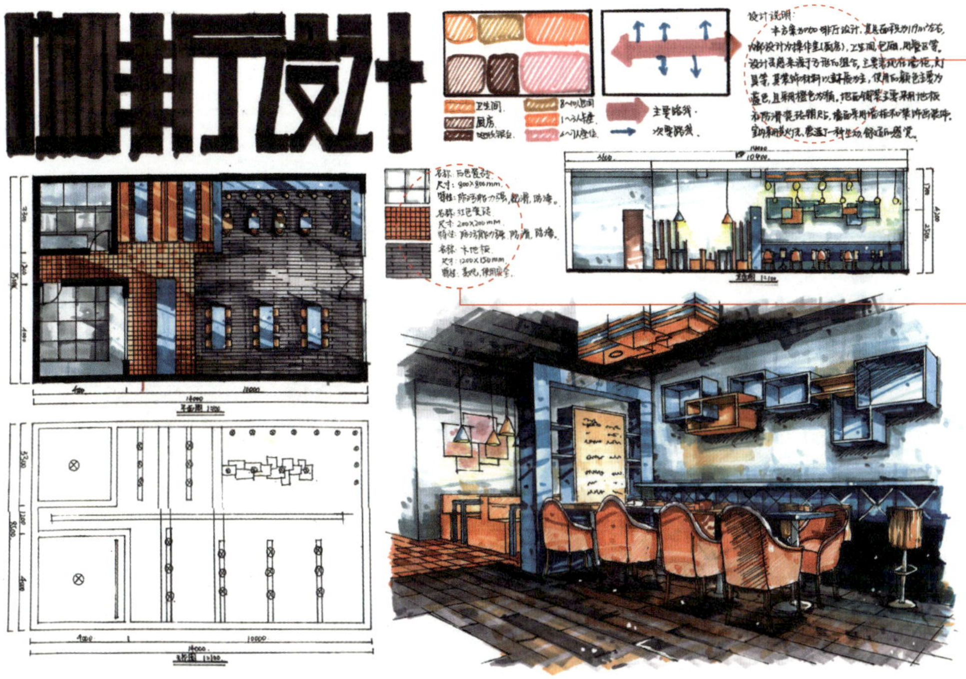

设计说明用简洁、明了的语言阐明了该咖啡厅的设计重点，包括内部面积、内部布局、设计灵感、设计重心、设计色彩、设计思想以及选用材料等内容，设计立意十分明确。

材质分析简表图利用简单的文字和图案清楚地展示出了该咖啡厅装饰所选用的材料以及其规格和特性，这不仅能深化设计方案，同时也能从更多角度来展示该咖啡厅的设计特色。

图6-30　快题设计咖啡厅

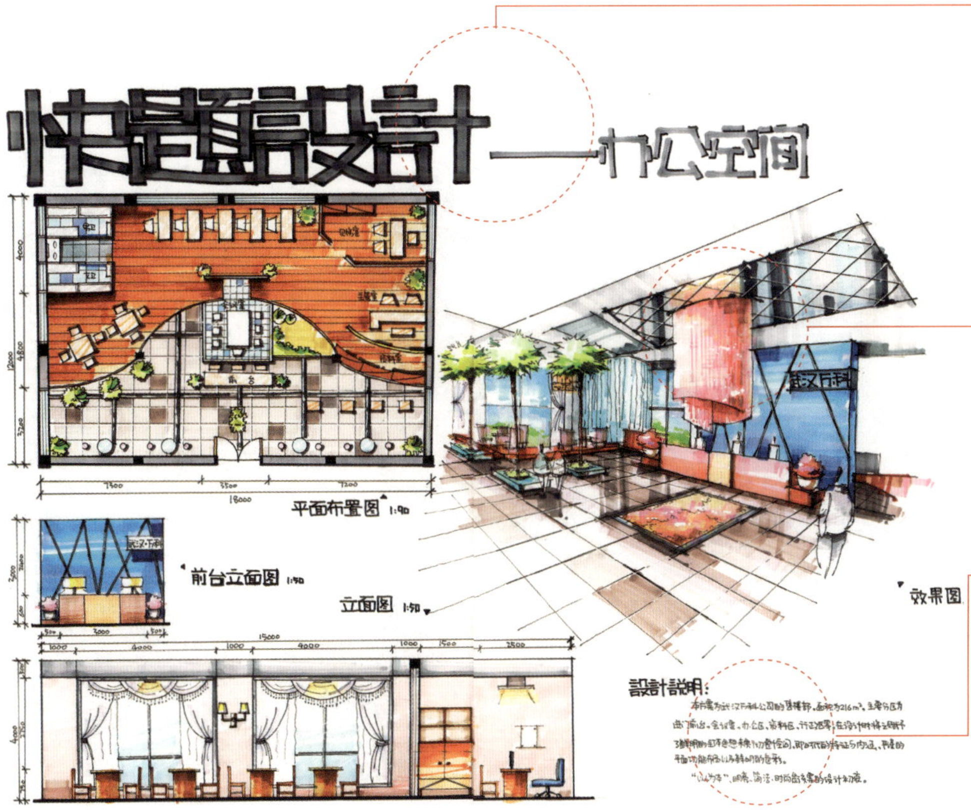

主次标题用词准确，大小比例合理，且底边对齐，所选用的色彩为同一色系，但又有所不同，视觉效果比较好。

湖蓝和白色交融产生的渐变色，配合黑色的凹槽，能比较形象地展示出该办公空间顶部镜面装饰的特质，且蓝色墙面和粉色收银台也能比较融洽的共处于同一空间。

此处设计说明简洁、明了，主要阐明了该办公空间的设计重点，包括内部面积、内部布局、设计色彩以及设计思想等内容，设计立意十分清晰。

图6-31　快题设计办公空间

设计说明文字书写十分整洁，视觉效果较好，且文字内容简洁、明了，阐明了该服装店的设计重点，包括内部功能分区、设计灵感、色彩搭配以及设计意图等内容。

灯具分析简表图能够清晰标明该服装店天花布置所选用的灯具，这也能帮助深刻理解天花布置图。

构思演变过程图生动地展示了设计构思由繁化简的过程，这能帮助理解设计。

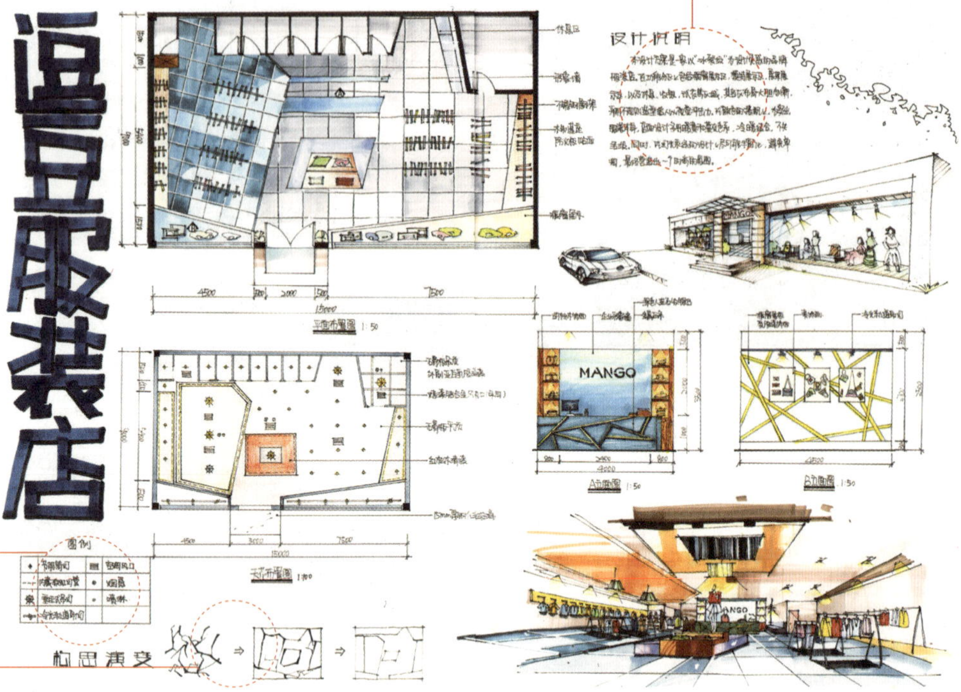

图6-32　快题设计逗豆服装店

平面布置图清楚展示了该服装专卖店内部的布局情况，同时在不同分区填涂上不同的色彩，这些色彩彼此互为补色，还能与主效果图中的色彩相对应。

对细节的重点描绘将会强化整幅画面的视觉美感，此处工作桌的阴影分两部分绘制，均利用排线的方式，勾勒出工作桌的阴影范围，阴影有明有暗，使得工作桌更具立体美感。

图6-33　快题设计服装专卖店（孙菲）

咖啡厅是为公众提供休闲、畅饮以及交流等功能的商业场所，此处使用了橙色与蓝色，一来这两种颜色可以很好的互补；二来能营造一种轻松、安静、温暖以及愉悦的氛围，很符合咖啡厅的设计主题。

功能分区气泡图能够比较直观且简单的展示该咖啡厅的内部布局，这也能够与主效果图中所展示的场景相对应。

图6-34　快题设计猫树咖啡厅

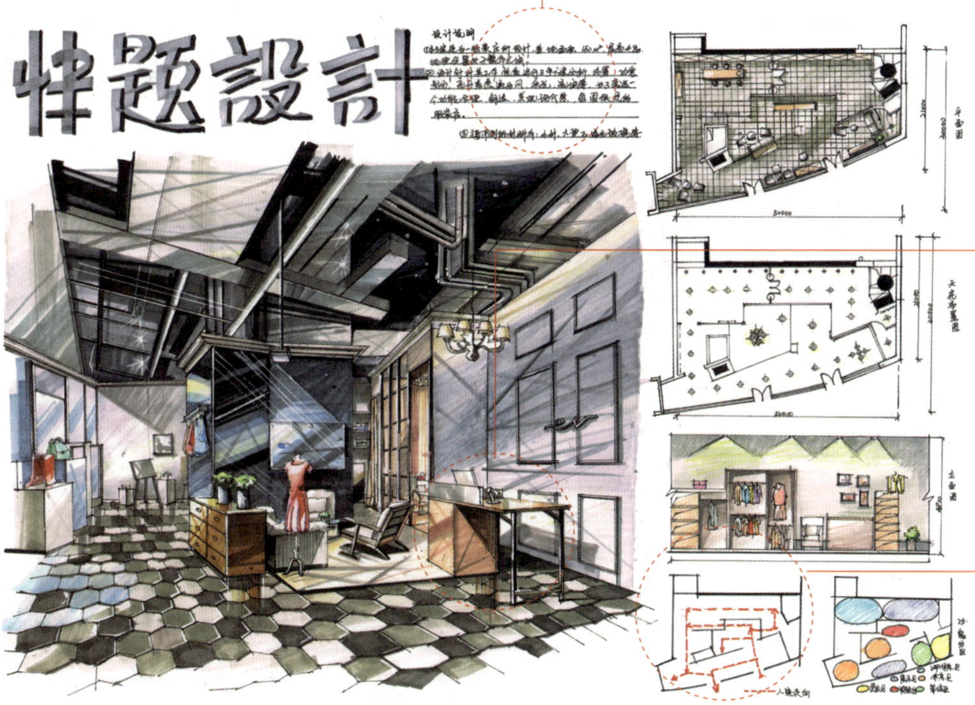

设计说明用词简洁，且分点阐明了该服装店的设计内容，包括内部面积、层高、地理位置、设计过程、设计目的以及装饰材料等，立意明确。

阴影明暗界线绘制清晰，不同色彩的比例也十分合理，空间中运用的色彩不艳丽，不矛盾，能很好地表现服装店的高雅气质，购物氛围也较轻松。

人流走向导向图和功能分区气泡图具有比较强和比较直观的导向作用，适用于面积较大，结构比较复杂的服装店。

图6-35　快题设计服装店（许永婷）

用简单线条勾勒出杯具、饮料瓶以及酒瓶等体积较小但数量较多的物品，并细致填涂色彩，这既能表现出绘制时所遵守的透视原理，同时也能彰显出对色彩的灵活运用能力。

同一类别的餐桌和餐椅出现在同一空间内时，在色彩上会有所区分，同时距离视觉中心不同距离的餐桌、餐椅的大小以及它们之间的距离也会有所不同，这是遵守透视原理的具体体现。

图6-36　快题设计咖啡厅（韩宇思）

应用的色彩浓度比较淡，填涂手法也十分简洁，符合办公室内轻松但不失紧迫感的工作氛围，窗户以蓝色和绿色相叠加使得整个画面更具层次感，这种看似简单的着色反而更考验绘图者的绘制水平。

基础轮廓线条绘制有条理，整幅图稿画面整洁，整体空间的视觉感也比较好。

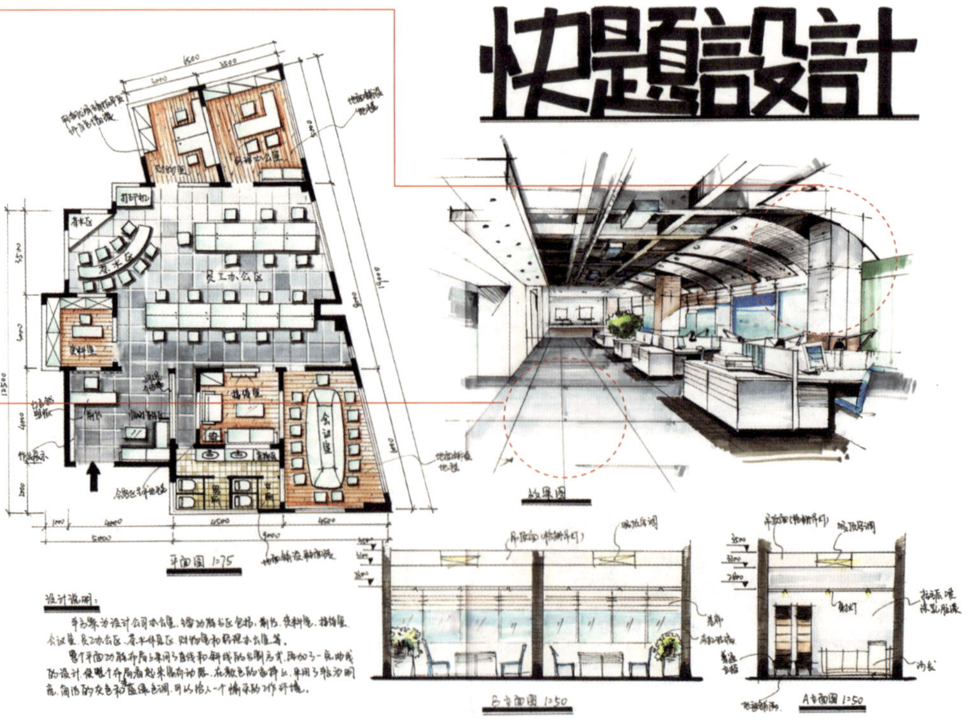

图6-37　快题设计办公室

主效果图中光影关系很明确，不同界面的交接面以及明暗交界面处的色块衔接也很融洽。

构思演变过程图、人流走向导向图、功能分区气泡图以及灯具分析简表图，这几类图能够更具象化的分析该咖啡吧的设计方案，在整个图稿中所占的比例也比较合理。

图6-38　快题设计咖啡吧

弧形平面设计在考题范围允许的前提下是可以任意发挥的，能提升画面的丰富效果。

顶部造型具有很强的现代感，比常规的平顶造型更加富有变化。

外部采光的白色笔线条前提是能被深色构造衬托出来。

近处家具细致绘画，表现出明确的体积感。

图6-39　快题设计售楼部（叶妍乐）

吊顶设计变化更大，考虑时间关系，除了平面图与效果图外，其他图可以不着色或少着色，通过创意来提高分数。

平面设计形式比较丰富，在矩形范围内设计出弧形构造，形成曲直对比的视觉效果。

效果图的取景比较考究，能看到多个立面场景。

地面铺装与常规地砖不同，具有不规则变化，可以忽略透视，快速绘制完成。

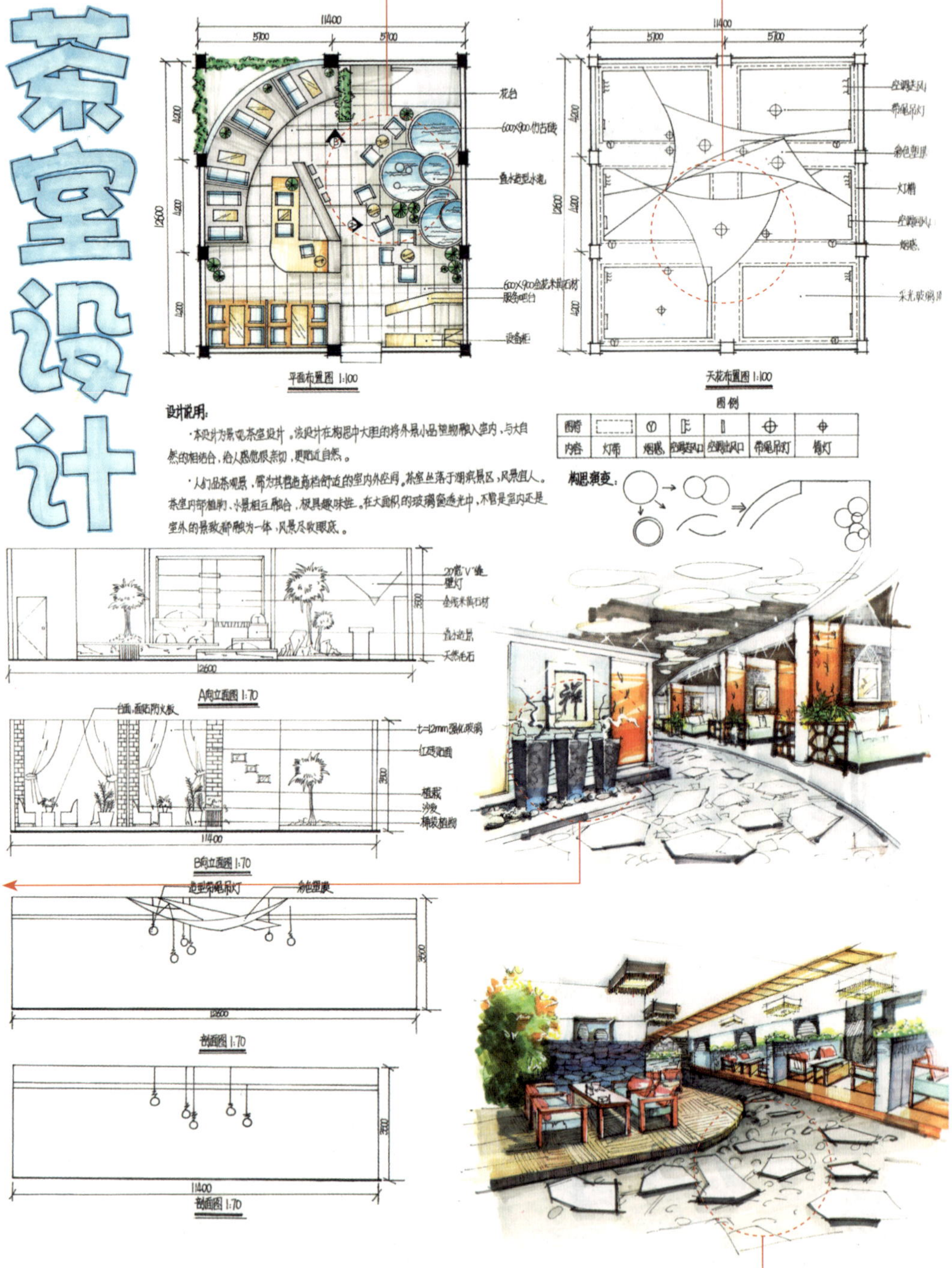

图6-40　快题设计茶室（王惠慧）

文字书写采用饱满的框架式，通过长线条来撑满字体结构，富有动感，花费时间较少，但文字的可识读性较弱，可以加强练习。

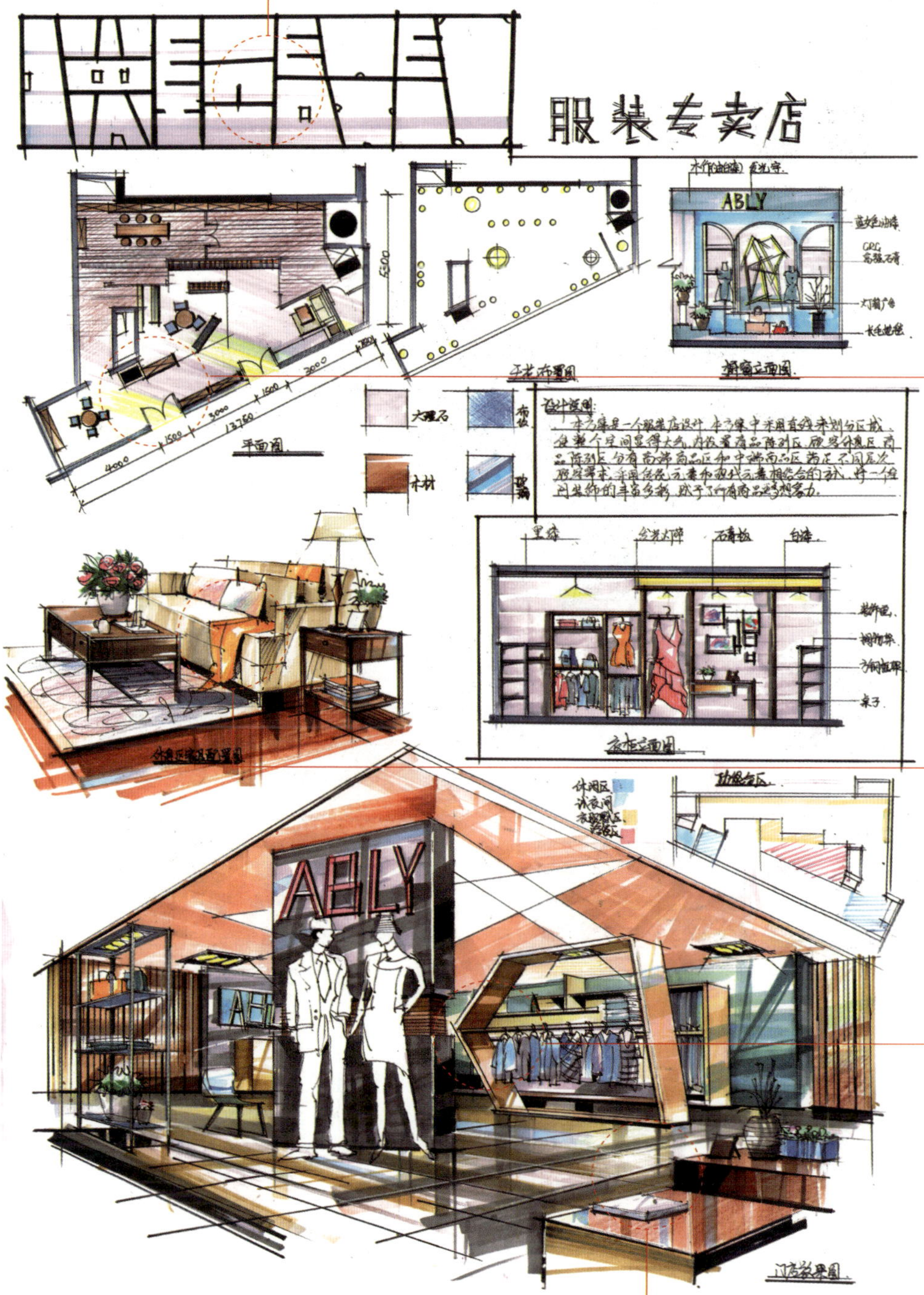

折线结构能创造出更多变化，对空间的划分具有很强的灵活性，展示货架、台柜布局手法多样。

可以考虑将平时练习中比较得心应手的家具组合直接照搬，能快速填充版面，作为主效果图的有益补充，提升画面的充实度。

场景中大量运用折线造型，通过光照来强化形体的对比关系。

地面铺装远处的色彩尽量平均化处理，形成虚实对比，营造强烈的空间感。

图6-41　快题设计服装专卖店（康题叶）

标题文字采用反白形式绘制，需要经过多次练习，对不同文字内容也要进行归纳，可以考虑进行少量着色来提升视觉效果。

平面图中的家具等陈设构造形体较小，可以全部采用彩色铅笔绘制，绘制线条应当精密排列。

深色无吊顶的顶棚构造中应注重色彩变化，采用多种不同深色来叠加覆盖，形成丰富的效果。

灯光照射下的光斑对比是室内空间色彩表现的重要形式，光照中的浅色可以通过白中性笔与白彩色铅笔来表现，同时搭配少量浅黄色覆盖。

地面灰色采用暖色调，与顶面的冷色调形成对比。

立面图放大后能清晰反映设计细节，是快题设计版面中的重要补充。

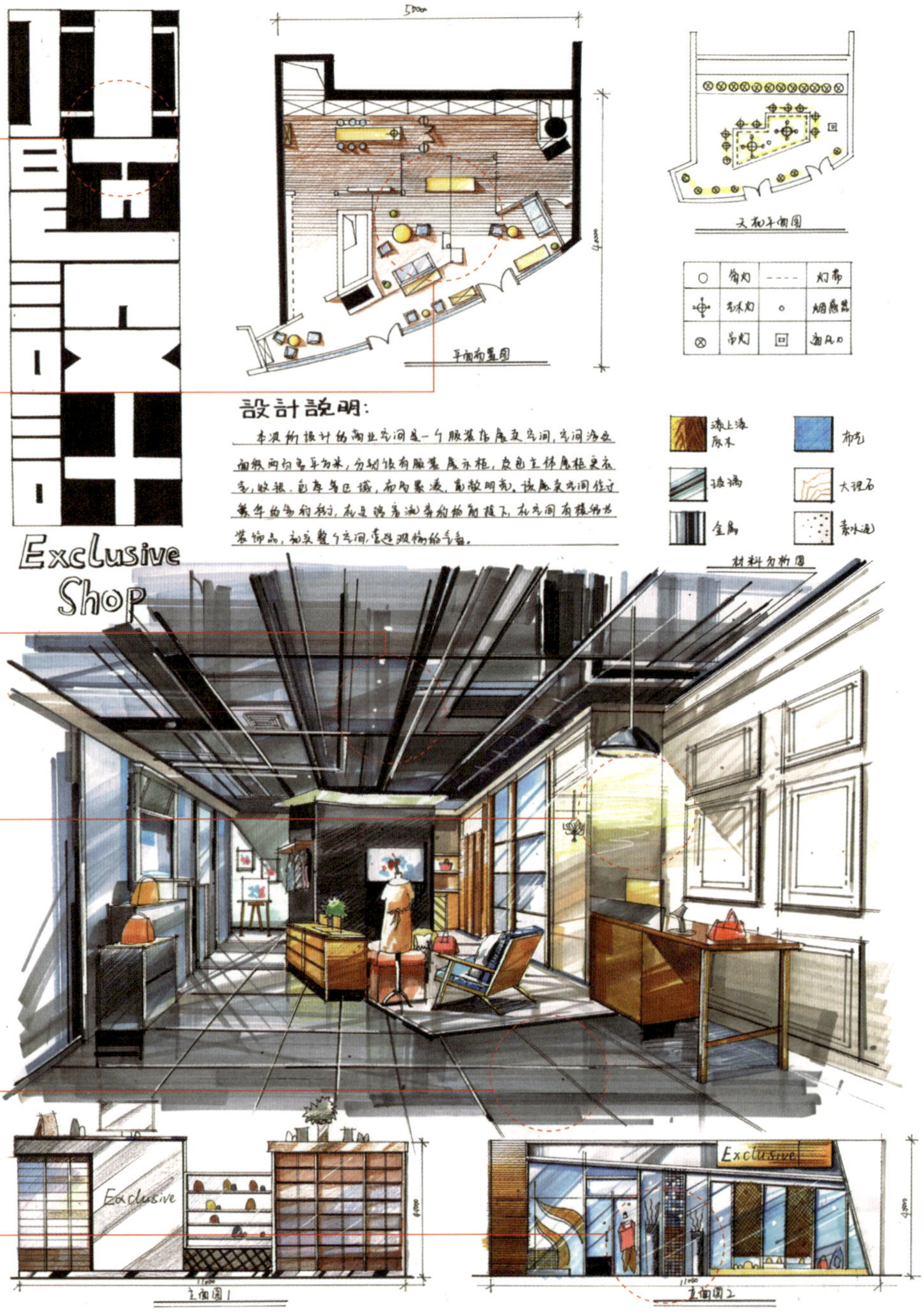

图6-42　快题设计服装店展卖空间（杨雅楠）

二、室外空间快题设计作品解析

室外空间需要具备一定的观赏性和生态性，它的存在是为了更好地融合城市与生态环境，设计时要遵循可持续发展原则、以人为本原则、可操作性原则及延续地方文脉原则。在绘制景观空间快题效果图时，要处理好不同植物之间的色彩关系、比例关系以及不同景观与周边环境，不同景观与周边建筑的透视关系等，在快题图稿中还要能表现出景观空间的设计特色，对于空间内的水景、景观小品等的细节也要重点描绘（图6-43~图6-62）。

蓝色能让人联想到海洋、河湖，用在此处很合适；此处涂色比较自由，线条绘制也有一定的方向性，且在视觉上不会有凌乱感，能够很好地表现出水景的设计特点。

花红草绿的景象能娱悦人的心情，所绘制的花草树木的基础轮廓都十分清晰，即使是同一色系，色彩的明度和浓度也会有所变化，且花草树木的形态也大有不同，很能表现出该公共广场绿地景观的多样性特征。

图6-43　快题设计公共广场绿地景观（康题叶）

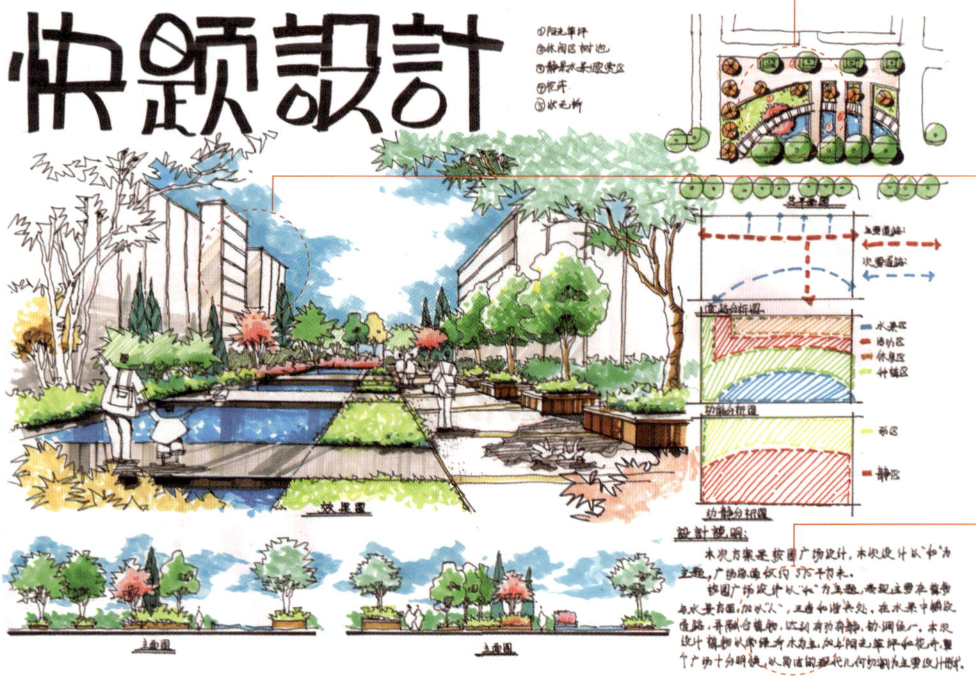

缩小版平面图能够帮助理解此处校园广场景观设计中所包含的交通布局情况、种植布局情况以及水景分布情况等。

色彩的有序叠加能够增强整个画面的层次感和视觉美感，同时也能强化校园广场景观的多样性。

此处设计说明主次分明，分点阐明了该校园广场景观的设计主题、设计目的以及设计特色等内容。

图6-44　快题设计校园广场景观（余汶津）

着色的顺序以及着色时笔触的轻重等都会对整幅画面产生影响，此处着色用笔有轻有重，色彩过渡融洽，不同色彩所占的比例也比较协调，且绿植的绘制也遵守了近大远小的透视原则，整体画面比较平衡。

对经济技术指标的具体叙述能够更明确绿地、建筑、水体以及铺装等在整个城市休闲广场景观中所占的比例，这对后期审核广场景观内部布局很有帮助，这也能考查考生对大局的把控能力。

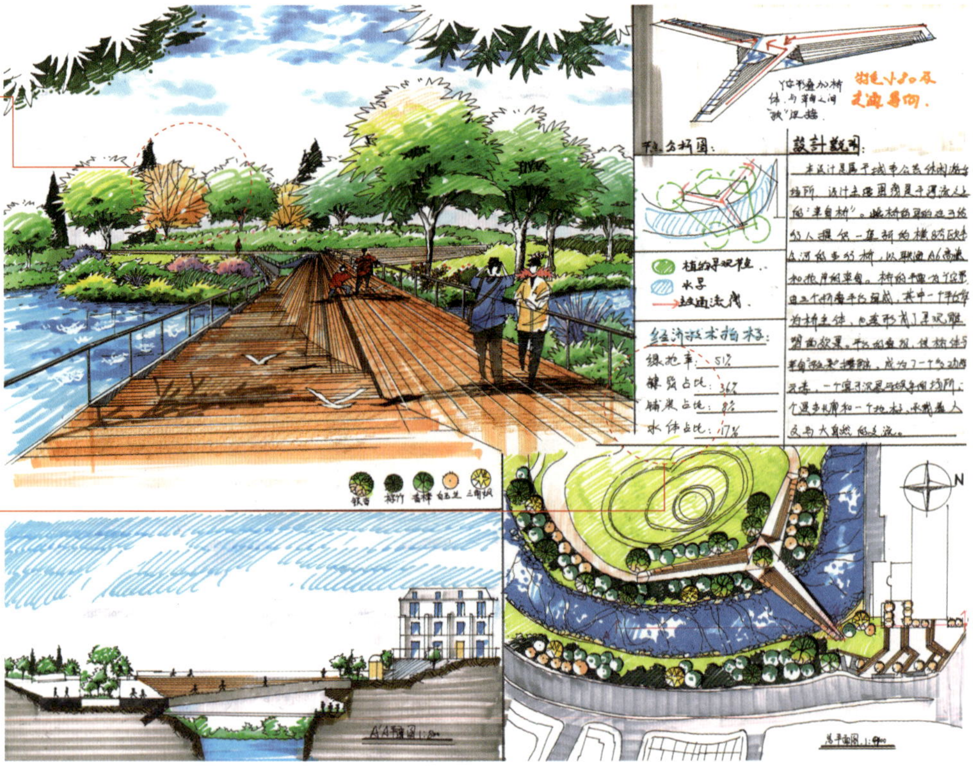

图6-45　快题设计城市休闲广场景观（刘春雨）

所绘制的河湖和绿植要能和谐相融，即二者要处于同一季节，且河湖边的绿植要符合自然规律，不可随意绘制，不同绿植的高低也要有所不同，这也是考查考生对细节的掌握程度以及对生活的观察能力。

辅助人物的存在是为了增强景观或建筑、桥梁的真实感，此处桥上三三两两散步的行人能够显现校园景观设计所要营造的悠闲自在的氛围。

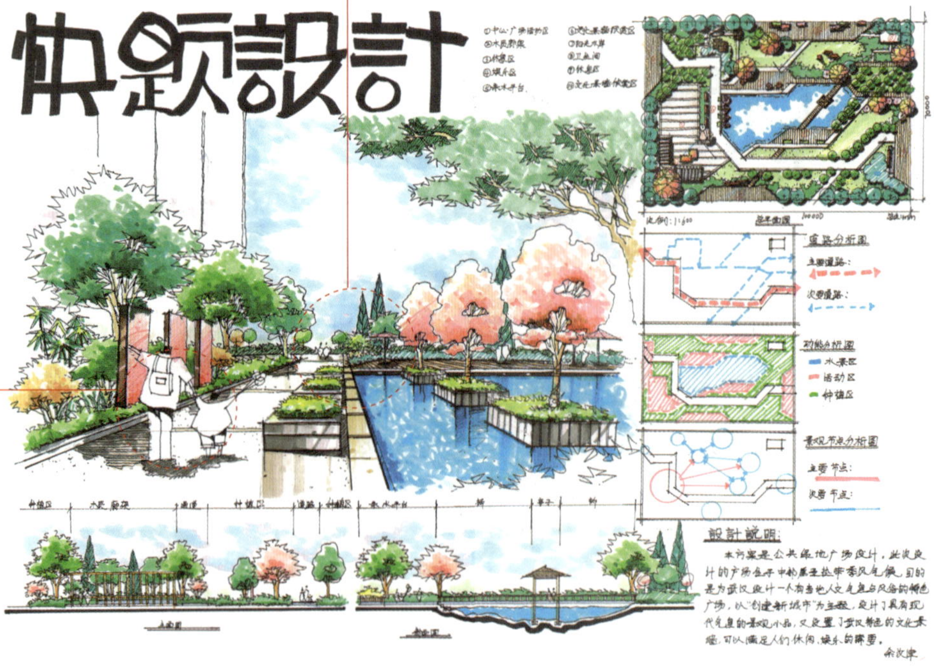

图6-46　快题设计公共绿地广场景观（余汶津）

交通分析图和功能分区图在绘制时要能与整个绿地景观的平面图相对应，要具有逻辑，且还应当具备一定的指向性。

着色时适当的留白反而能够显现画面的美感，同时这种绘制方式也能使绿植、建筑等更具活泼感。

剖面图和立面图这两类图纸的绘制能彰显考生的纵向思维能力和对城市绿地景观施工项目的理解能力。

图6-47　快题设计城市绿地景观（韩宇思）

总平面图绘制时也会注意到平面绿植的比例问题和所用色彩的正确性和搭配性，这关乎设计是否平衡以及主效果图是否失衡的问题。

休闲亭的纹理绘制得很具象化，能很好地表现出木质纹理的美感，同时与亭后的绿植相配，视觉效果较好。

亭子周边喷涌的泉水形象生动，清澈透亮的蓝色在代表着阳光的白色线条的映衬下更显明亮，给人一种清凉、舒适的感觉。

图6-48　快题设计城市绿地公共广场景观（康题叶）

木质长廊两边的绿植具有一定的对称性，同时两边绿植的色彩也具有一定的互补性和相似性，这强化了整幅图稿的平衡感。

木质长廊位于画面的视觉中心处，行走于廊下的行人增强了整幅图稿的活泼感和流动感。

功能分区图用于强调设计中需要重点表现的区域，它的绘制与效果图和平面图是相互对应的关系。

图6-49　快题设计城市绿地景观（李季恒）

向上延展的树木在纵向视觉上具有一定的引导作用，这种绘制上的逻辑也能强化设计的有序感。

分布于道路两边的绿植具有一定的对称性，这包括位置上的对称和色彩上的对称。

小树池位于画面中心，一大一小的人物位于树池两边，正好与树池两边一高一低的绿植相呼应。

图6-50　快题设计公共绿地广场景观（王雪逸）

道路分析导向图、景观节点分析气泡图以及功能分析气泡图等都是为了更好的阐明该城市公共绿地广场景观的设计布局，为了区分这三种图，除去文字标注外，着以代表性的色彩也是一种不错的方式。

在同一棵树木上着以不同的色彩，这既能展现考生对色彩的掌控能力和对着色技巧的掌握程度，同时也能丰富画面效果，增强视觉美感。

图6-51　快题设计城市公共绿地广场景观（史芳蕾）

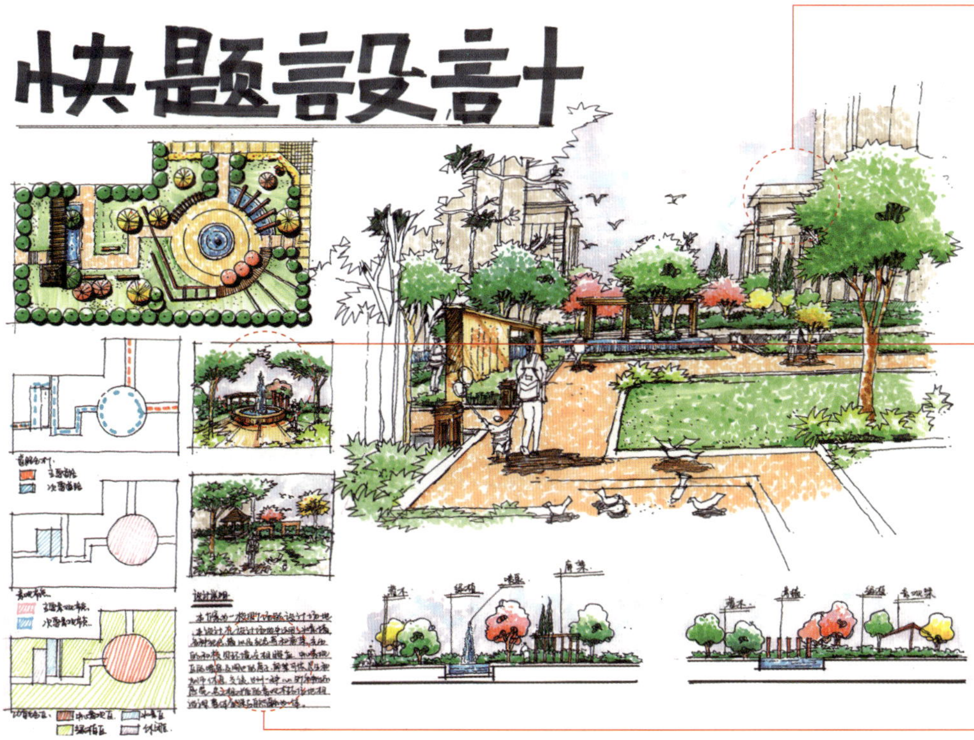

画面构图的平衡是绘制快题图稿很重要的一部分，此处画面两边都绘制有建筑，且色泽一致，中心绿植两边的绿植色彩均为粉色，画面不会出现失重的情况。

取局部景观，以不同的角度来展现校园广场景观的特色，既能丰富图面视觉效果，也能增强对校园广场景观设计布局的理解。

设计说明立意准确，简明扼要，阐明了该校园广场景观的设计内容和设计内涵。

图6-52　快题设计校园广场景观（徐玉林）

从总平面图中可以看出城市绿地景观设计布局的逻辑性和规整性，所绘制的线条丝毫不显凌乱，且收笔果断、利索，绘制节奏把控得很好。

用不同深浅度的色彩表现出水景的高度差，这不仅增强了画面的真实感，同时也强化了整幅图稿的立体效果，对高度差和明暗界线的合理绘制也使得图稿上的景象显得不那么平庸。

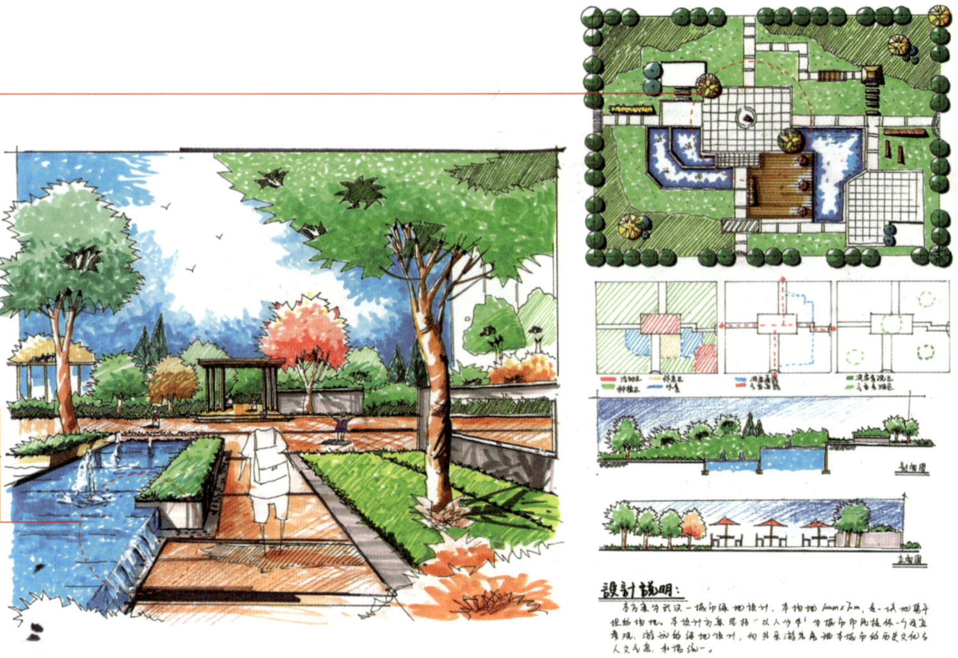

图6-53　快题设计城市绿地景观（杨雅楠）

横向并列分布的功能分区分析气泡图、交通布局情况分析导向图以及景观节点分析气泡图等能够迅速表现出该城市公共绿地景观设计的重点。

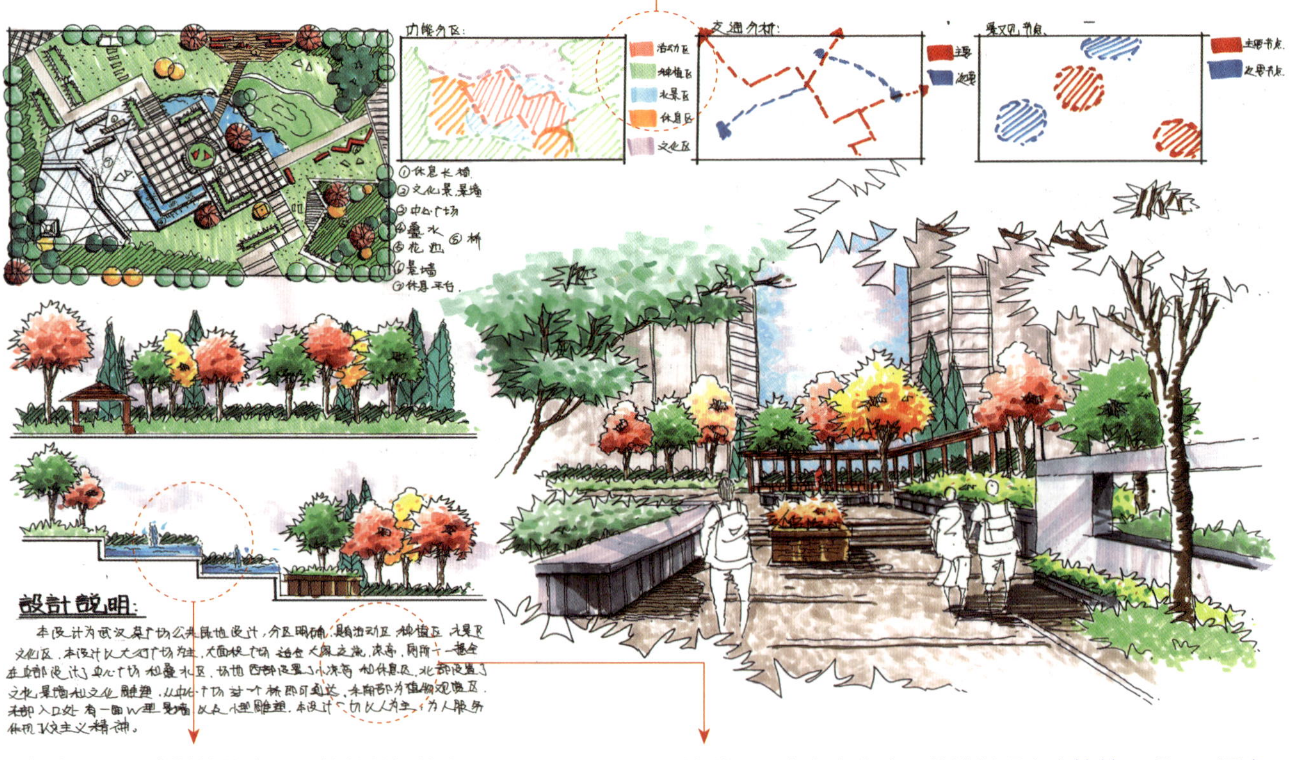

图中绘制的呈阶梯状的立面图能够较好地表现出该绿地景观绿植和水景布局的特点。

设计说明要求立意准确，此处说明内容简单、明了，语言不含糊，清楚阐明了该城市公共绿地景观设计的目的和内涵。

图6-54　快题设计城市公共绿地景观（叶妍乐）

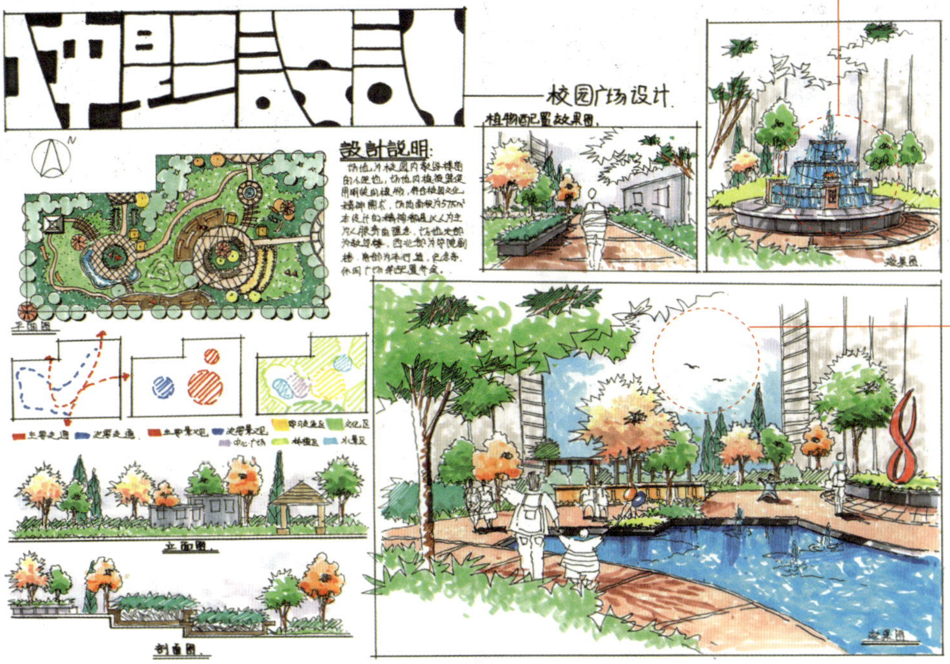

选取校园广场景观中比较重要的喷泉景观，进行放大化的绘制处理，这不仅能丰富图面的视觉效果，同时也能点明校园广场景观的设计重点，并增强对校园广场景观设计布局的理解。

空中自由翱翔的飞鸟赋予了整个画面更多生动感和活跃感，同时飞鸟与周边的建筑、绿植等形成动与静的对比，结合路上零散的行人，即将放飞的气球以及波光粼粼的水面等，一幅悠然自得的校园广场景观便呈现眼前。

图6-55　快题设计校园广场景观（叶妍乐）

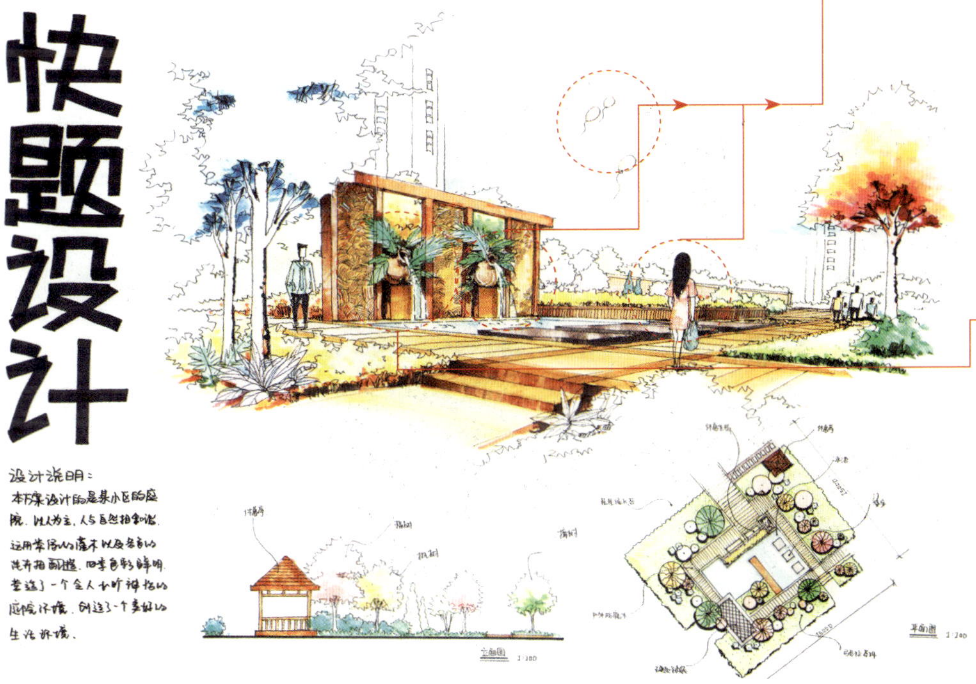

腾空的气球，行走中的路人以及潺潺的流水，配上建筑以及淡抹的高大乔木，一切都显得宁静而美好，这也是庭院景观设计所要追求的一种境界。

潺潺流水从壶中喷涌而下，汇入水池中，配上生长于水池周边的绿植，构成一副令人心旷神怡的自然美景，同时对水景、绿植及景墙的细致绘制，也使得庭院景观设计所追求的悠闲、舒适的氛围更显浓郁。

图6-56　快题设计庭院景观

空中飞鸟以及道路的绘制均严格遵守了近大远小的透视原则，同时飞鸟的动与建筑、绿植的静形成鲜明对比，这无疑增强了公园景观的生态活力。

呈横向并列分布的功能分区气泡图、节点分析气泡图以及交通布局分析导向图等能够清楚表现出该公园景观设计的重点，同时这些分析图也能起到一定的引导作用。

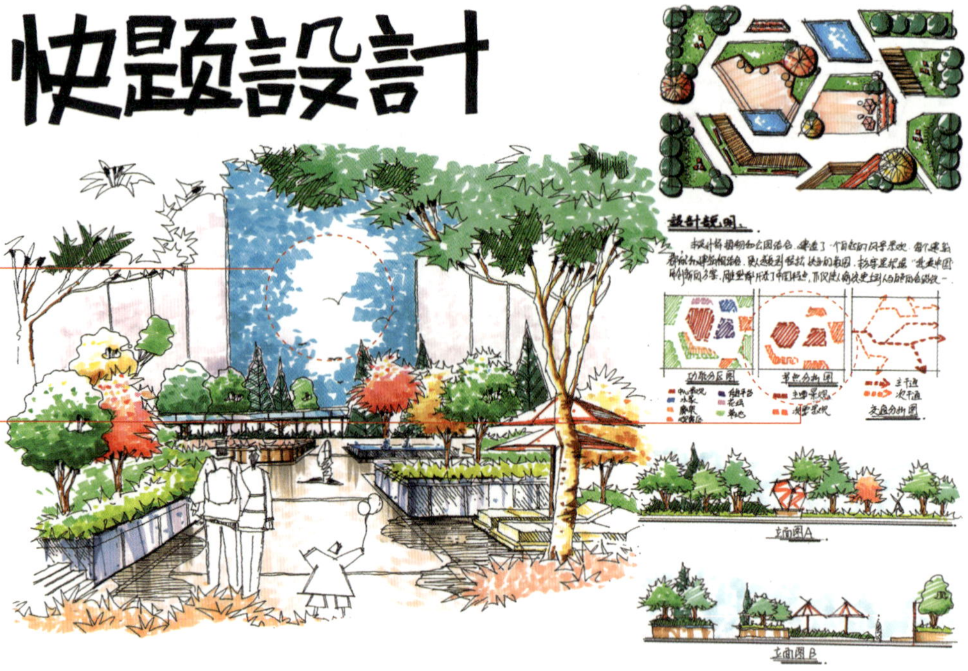

图6-57　快题设计公园景观（王雪逸）

平面布局采用环绕形式，是公共绿地广场中最常见的手法，结合了中西方景观设计优势，地面铺装倾斜，形成丰富的网格状，在画面中具有层次感。

树木采取点绘法，简单快捷，层次分明，白色中性笔模拟光照穿透效果，使画面具有很强的生活气息。

水中颜色采用深、浅两种不同的蓝色，保留中央的反光与高光，形成强烈的色彩对比。

图6-58　快题设计公共绿地广场景观（李瑾璇）

近处的小品造型色彩对比强烈，具有很强的厚重感与体积感。

平面布局中的入口处采取水景与桥梁相搭配，将室内外空间有机结合。

与小品造型相对应的水面颜色也应当加深，虽然色彩不同，但是明暗对比度相当，能给画面造成很强烈的对比。

景观立面图的表现方法相对容易，对尺寸与比例的控制不太严格，远处云彩表现应当更加轻松随意。

图6-59　快题设计公共庭院景观（刘琪）

红色造型特别醒目，搭配白色涂改液高光显得十分精致，周边地面铺装色彩较深，能衬托出中央雕塑景观。

高强度对比形成黑白关系，天空云彩无须多施加笔墨。

地面采用曲线造型分色处理，使单调的地面铺装富有变化。

设计元素的推敲采用气泡图来表现，具有很强的逻辑性。

图6-60　快题设计住宅小区广场景观（刘琪）

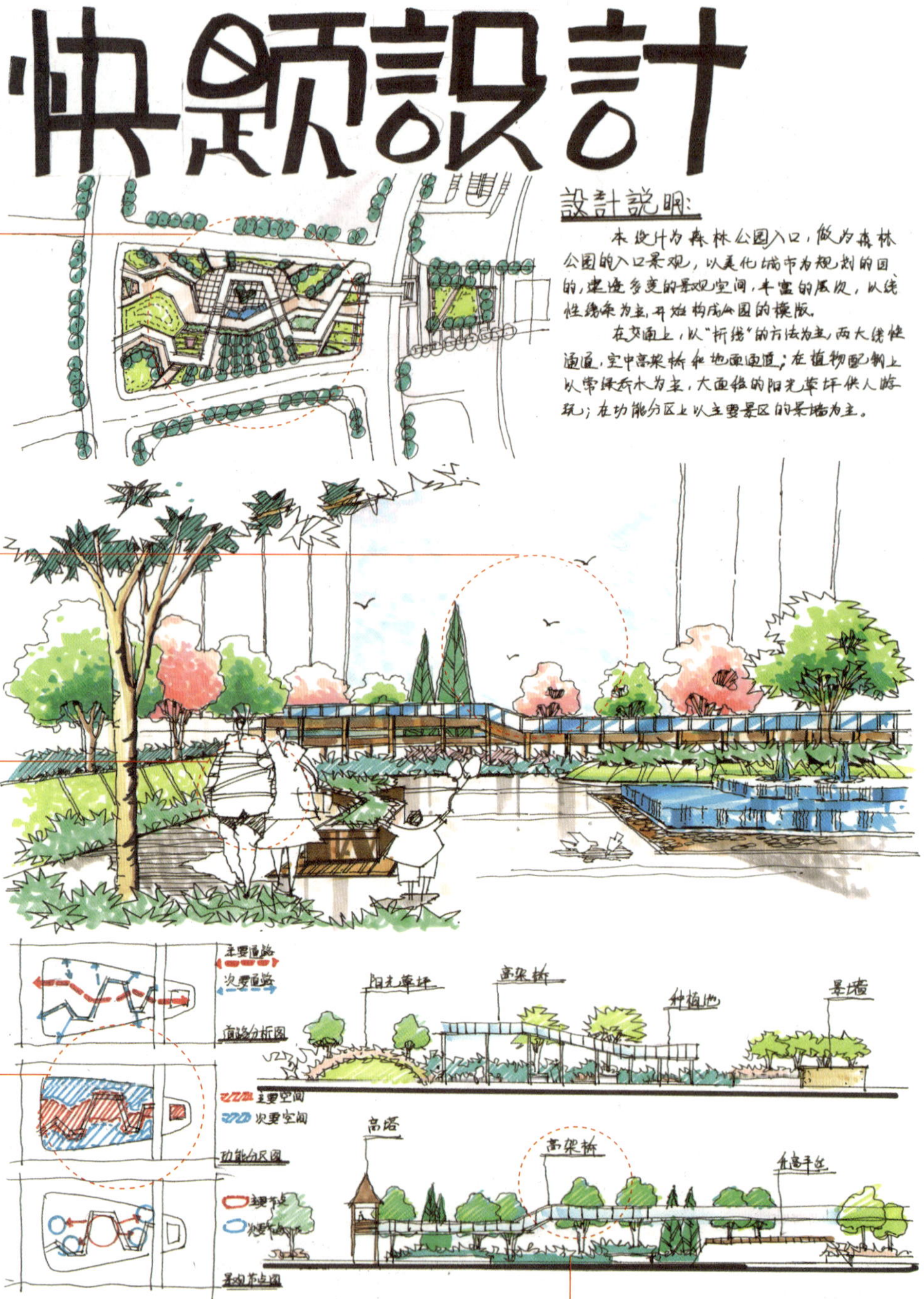

面积较大的平面图可以适当缩小，但缩小后会造成细节缺失，当考题没有明确要求时，不宜绘制面积过大的方案，其中重复元素较多，花费时间较多，耽误整体进程。

表现建筑之间的云彩，而忽略建筑固有色，能更好地衬托出绿化植物与建筑。

人物只绘制形体轮廓，一般不着色，较宽大的体态能让画面重心趋于稳重。

分析图内容完整，通过简单色彩来表现差异。

立面图造型丰富，根据设计要求标出构造的名称。

图6-61 快题设计森林公园入口景观（余汶津）

文字中采用白色涂改液补充高光，配合笔画投影，让标题文字具有强烈的体积感。

平面图的色彩搭配尽量简化，形成强烈的体块感。

立面图中各元素在高度上应当达成统一，运笔方向尽量简化。

天空云彩分散多块表现，配合彩色铅笔来强化体积感。

地面铺装内容较丰富，形成强烈对比，由于色彩较深，可以采用白色中性笔来表现阳光直射效果。

图6-62　快题设计滨水景观

本章小结

正确理解快题设计的本质要求及发展趋势，是提高快题设计能力的前提。快题设计对培养学生的创造力和表现力起着重要作用，快题表现考察了设计者对线条、色彩、版面构图以及作图时间等的把控能力，是对设计者综合能力的考察。

课后练习

1. 简述版面设计的要点。
2. 对版面设计有什么感想?
3. 快速快题与慢速快题的区别有哪些?
4. 赏析案例中任意一幅作品。
5. 设计并绘制一幅完整的室外快题设计图。

参考文献

[1] 张炜，杜娟. 建筑环境快题设计表现[M]. 北京：中国水利水电出版社. 2014.

[2] 突围设计考研. 环境艺术设计考研高分攻略·景观篇[M]. 南京：江苏凤凰科学技术出版社. 2019.

[3] 周志慧. 智慧手绘——环境艺术设计手绘表现与考研快题加强训练[M]. 南京：江苏科学技术出版社. 2017.

[4] 曾添. 室内设计手绘技法与快题表现[M]. 北京：人民邮电出版社. 2017.

[5] 李根，曾惜. 画说景观设计手绘[M]. 北京：人民邮电出版社. 2019.

[6] 魏丽，凡鸿. 景观快题设计与表现[M]. 北京：北京理工大学出版社. 2017.

[7] 李待宾，孙云娟. 完美绘本——零基础室内手绘快题表现[M]. 武汉：湖北美术出版社. 2004.

[8] 邓蒲兵，孙大野，王姜，魏军. 景观快题范例解析[M]. 沈阳：辽宁科学技术出版社. 2017.

[9] 贾雨佳，陈骥乐，郭贝贝. 麦克手绘·室内快题设计与表现[M]. 北京：人民邮电出版社. 2017.

[10] 三道手绘. 景观快题高分攻略[M]. 沈阳：辽宁科学技术出版社. 2014.

[11] 杨健，邓蒲兵. 室内空间快题设计与表现：第2版[M]. 沈阳：辽宁科学技术出版社. 2019.

[12] 任全伟. 园林景观快题手绘技法[M]. 北京：化学工业出版社. 2015.

[13] 秦瑞虎，李国胜，杨倩楠. 室内快题设计方法与实例[M]. 南京：江苏科学技术出版社. 2017.

[14] 贾新新，唐英. 景观设计手绘技法从入门到精通：第2版[M]. 北京：人民邮电出版社. 2017.

[15] 李国涛，邱蒙，高奥奇，周秀琳. 景观快题设计手绘表现[M]. 上海：东华大学出版社. 2017.

[16] 潘金瓶. 表现与应试技巧[M]. 大连：大连理工大学出版社. 2011.